CATALOGUE
MÉTHODIQUE ET SYNONYMIQUE
DES PRINCIPALES VARIÉTÉS

DE

POMMES DE TERRE

PAR

PHILIPPE L. DE VILMORIN

2ᵐᵉ ÉDITION

refondue et augmentée de plus de 800 variétés

PARIS

CHEZ VILMORIN-ANDRIEUX ET Cⁱᵉ

4, QUAI DE LA MÉGISSERIE, 4

1902

CATALOGUE

MÉTHODIQUE ET SYNONYMIQUE

DES PRINCIPALES VARIÉTÉS

DE

POMMES DE TERRE

PAR

PHILIPPE L. DE VILMORIN

3ᵐᵉ ÉDITION

refondue et augmentée de plus de 600 variétés.

PARIS

CHEZ VILMORIN-ANDRIEUX ET Cⁱᵉ

MARCHANDS-GRAINIERS

4, Quai de la Mégisserie, 4

1902

Tous droits réservés.

PRÉFACE

Voici déjà quinze années que mon père a publié la seconde édition du Catalogue Méthodique et Synonymique des Pommes de terre. *Les occupations multiples qui ont rempli les dernières années de sa vie l'ont empêché d'opérer lui-même la révision, la refonte et la mise à jour de cet important ouvrage. J'ai considéré comme un devoir filial d'accomplir ce travail dont tout l'honneur revient à celui qui en a posé les fondements et dont la longue expérience, le discernement sûr et l'infatigable activité auraient, mieux que mes hésitations de débutant, assuré la solidité de l'ensemble.*

Tel qu'il est, je livre cet essai de classification à la critique de mes confrères en agriculture, en réclamant seulement un peu d'indulgence que je suis sûr d'obtenir de ceux qui ont tant soit peu approfondi semblable matière. Parmi toutes les séries végétales, les différentes variétés de Pommes de terre forment peut-être celle qu'il est le plus difficile de ranger dans un ordre logique et de diviser en groupes distincts entre eux, et homogènes avec eux-mêmes.

Je renvoie le lecteur, pour l'explication de la méthode employée depuis de longues années pour la classification de la collection de Verrières, à la préface si claire dont mon père a fait précéder la 1ʳᵉ édition du Catalogue *que je reproduis ci-après. Mais, dans les quinze dernières années, le nombre de variétés nouvelles a été si considérable que les sections se sont bien vite trouvées trop étroites ; déjà en 1893, mon père avait, tout en conservant les mêmes bases, porté à 40 le nombre des sections ; j'ai moi-même été obligé de remanier la disposition de ces dernières, sans toutefois en augmenter le nombre, afin de diviser en deux les plus chargées, quitte à fondre ensemble quelques-unes des moins importantes, pour faciliter le coup d'œil d'ensemble et rendre moins longues les recherches. Car ce travail a un but essentiellement pratique ; il n'est en somme que le résultat où nous ont mené nos efforts pour établir un peu d'ordre dans une nomenclature compliquée et nous permettre de rapprocher sans trop de peine les variétés nouvelles de celles déjà connues.*

Le désir d'être utile au plus grand nombre m'a donc amené dans cette nouvelle classification à donner une importance prépondérante aux caractères tirés de la couleur de la chair du tubercule sur ceux tirés de la fleur. C'est, en effet, à l'époque de

**

l'arrachage ou de la plantation, lorsqu'on ne possède de la plante que ses tubercules, qu'il est le plus souvent nécessaire d'en pouvoir déterminer l'identité. — Comme on peut le voir par le tableau synoptique de la page XI, la forme et la couleur d'un tubercule, la couleur de son germe et celle de la chair suffisent pour le placer assez approximativement dans la série. Dans les cas seulement où la nécessité s'imposait de subdiviser des sections trop nombreuses, ou bien en présence de groupes bien distincts par leurs caractères de végétation et leurs fleurs, ces dernières ont été prises en considération.

Le caractère fourni par la couleur blanche ou jaune de la chair est d'ailleurs loin d'être un des plus mauvais : outre qu'il est, comme je viens de le dire, facilement observable, il est assez constant et à coup sûr plus que celui donné par les fleurs, qui souvent ne s'ouvrent pas ou sont sujettes à varier dans de larges proportions ; il est bien évident que, les intermédiaires existant tous dans la nature, il est souvent fort difficile de déterminer si la chair d'une pomme de terre est blanche ou jaune clair ; mais, dans les cas de doute, on a eu recours aux caractères généraux de la plante, de façon à former des séries aussi naturelles que possible.

Enfin, et c'est assez dire, cette classification est imparfaite comme celle de tous les êtres vivants en transformation continuelle et d'une observation délicate ; c'est pourquoi je sollicite chaleureusement les conseils et les observations de ceux qu'intéressent une question aussi ardue ; déjà, bien souvent, ils nous ont fourni de précieux renseignements et adressé d'intéressants échantillons. Peut-être, grâce à eux, pourrai-je préparer un travail plus complet, puisque celui-ci ne le sera déjà plus le jour même de sa publication.

A tous ceux dont les noms se trouvent déjà consignés dans ce Catalogue à la suite des variétés dont ils ont enrichi notre collection, j'adresse mes plus sincères remerciements.

Philippe de VILMORIN.

Verrières, Novembre 1901.

INTRODUCTION

A LA PREMIÈRE ÉDITION

Le projet de classement des diverses variétés de Pommes de terre que je me hasarde à publier aujourd'hui n'est ni parfait ni complet; c'est seulement ce que j'ai pu faire de moins mauvais après une dizaine d'années d'études suivies et consciencieuses.

Vouloir dresser une liste complète de toutes les variétés de Pommes de terre qui ont paru, ce serait une entreprise formidable, lors même qu'on se bornerait à une simple énumération, mais si l'on cherche à en composer un tableau raisonné et synonymique, la chose devient tout bonnement impossible, car des centaines de variétés ont actuellement disparu, après une existence plus ou moins prolongée, sans qu'il en reste de description complète pouvant suppléer à l'impossibilité où l'on se trouve de les comparer avec les races nouvelles. Or, sans une comparaison attentive et prolongée, on ne peut faire de classement sérieux.

L'idée de ce travail m'a été donnée par la culture de la collection de Pommes de terre réunie par la Société centrale d'Agriculture et confiée par elle à mon grand-père, puis à mon père.

Si l'on en excepte la seule année 1818 [1], cette collection, formée en 1814 et 1815, n'a cessé d'être cultivée dans notre propriété de Verrières depuis 1815 jusqu'à présent. Tous les ans, elle s'augmente des variétés nouvelles qui peuvent être réunies, de toute provenance, et la culture de chaque variété n'est abandonnée que si cette variété est reconnue identique à une autre, ou si elle vient à disparaître par accident. Chaque année voit ainsi des introductions nouvelles et voit aussi des éliminations plus ou moins nombreuses.

Le classement de cette collection a toujours été fait, jusqu'en 1873, d'après la couleur et la forme des tubercules, sans qu'il fût tenu compte des caractères de végétation. On répartissait alors toutes les variétés en onze divisions ou sections, dont quelques-unes renfermaient jusqu'à cent vingt ou cent trente variétés, plus ou moins différentes entre elles.

Comme, vers la même époque, la collection s'augmentait tous les ans de vingt, trente et quelquefois cinquante variétés nouvelles, par suite de la mise au commerce d'un grand nombre de gains obtenus par les semeurs anglais et américains, j'ai été frappé de la difficulté que ce mode de classement opposait à la comparaison rapide et sûre des différentes variétés, tant anciennes que nouvelles. Si, en effet, on doit comparer attentivement une centaine d'individus donnés, pour prononcer sur leur identité ou leur diversité, en apprécier les différences ou les ressemblances, on ne peut le faire utilement qu'après les avoir répartis en groupes beaucoup moins nombreux, dont l'esprit et même le regard puissent embrasser

---

(1) En 1818, elle a été cultivée dans le parc de Vitry, appartenant à M. le comte Du Bois.

tout l'ensemble à la fois. Voulant alors former dans le sein des anciennes divisions des groupes secondaires renfermant seulement un petit nombre de variétés bien voisines les unes des autres, j'ai dû chercher des caractères autres que ceux des tubercules, qui fussent communs à un certain nombre de variétés tout en n'appartenant pas aux autres variétés de la même division. Ces caractères devaient en même temps être constants et ne pas dépendre des saisons plus ou moins favorables ou des conditions variables de la culture. Je n'en ai pas trouvé qui m'aient paru présenter autant de fixité que ceux qui se tirent des germes développés dans l'obscurité. Que les tubercules aient pris tout leur accroissement ou, au contraire, qu'ils soient restés petits et chétifs à l'excès, qu'ils aient ou non atteint leur complète maturité, qu'ils soient même sains ou malades, pourvu qu'il leur reste assez de vie pour commencer à végéter, les germes se développent toujours semblables à eux-mêmes, avec la même apparence et la même couleur dans une même variété [1], et cette apparence est souvent assez caractéristique pour permettre de déterminer sûrement une Pomme de terre par la simple inspection du tubercule pourvu de son germe.

Après la couleur des germes, celle des fleurs m'a fourni un bon caractère secondaire de classement ; je dis secondaire, parce que la floraison ne peut pas toujours être observée : une année défavorable, l'invasion précoce de la maladie, une température trop brûlante ou trop fraîche peuvent empêcher une pomme de terre de fleurir, tandis que le germe peut toujours être observé. En outre, le caractère tiré du germe permet presque toujours de mettre dès le moment de la plantation une pomme de terre à peu près à la place qui lui convient dans la collection, quitte à rectifier un peu plus tard ce classement d'après les caractères tirés de la fleur ; cela fait souvent gagner un an pour la détermination exacte de la place qu'une variété nouvelle devra occuper.

Conservant donc, comme point de départ, les anciennes divisions fondées sur la couleur et la forme des tubercules (et dans une plante dont la partie utile est le tubercule, je n'en pouvais désirer de meilleures), je les ai partagées en sous-divisions ou sections, d'après les caractères fournis d'abord par les germes, ensuite par les fleurs. C'est ainsi que, de l'ancienne division des Pommes de terre *jaunes rondes*, j'ai fait mes six premières sections, toutes passablement nombreuses.

Comme il est inutile de multiplier les sections outre mesure, je n'ai subdivisé les anciens groupes que là où ils renfermaient trop de variétés pour qu'il fût facile de les comparer toutes entre elles. L'ancienne division des Pommes de terre *blanches longues entaillées*, par exemple, a été conservée intacte, bien qu'elle renferme des variétés qui fleurissent et d'autres dont les boutons tombent régulièrement, parce qu'elle n'était pas assez nombreuse dans l'origine et qu'elle n'a pas été suffisamment grossie par les additions récentes pour ne pouvoir être aisément

---

(1) Ceci n'est complètement exact que des germes produits par des tubercules qui n'ont pas subi longuement l'influence de la lumière ; dans le cas contraire, et quand le tubercule a verdi ou s'est bronzé par l'action des rayons lumineux, il s'y accumule une quantité de matière colorante qui passe en partie dans les germes et leur donne une teinte beaucoup plus foncée qu'à l'ordinaire.

embrassée d'un coup d'œil. J'ai dû faire une division nouvelle, celle des *rouges aplaties*, pour y placer de nombreuses variétés, principalement des américaines, qui ne rentraient pas bien dans les anciennes divisions.

J'espère donc, tout en ne publiant aujourd'hui qu'un travail incomplet, fournir un cadre qui pourra servir un jour à une classification plus nombreuse : les divisions en sont fondées sur des caractères précis que tout observateur est en état de distinguer sûrement, de manière à placer, sans erreur possible, dans le groupe auquel elle appartient, toute Pomme de terre dont il connaît le tubercule, le germe et le mode de floraison.

Pour rendre plus facile encore la comparaison des diverses variétés entre elles, je me suis attaché à grouper ensemble, dans l'intérieur de chaque section, toutes les variétés qui me paraissent présenter le plus d'analogie les unes avec les autres. Les caractères différentiels de ces petits groupes m'ont été fournis soit par les fleurs, là où il n'en était pas tenu compte pour l'établissement de la section elle-même, soit, dans le cas contraire, par le feuillage, les tiges, la présence ou l'absence des graines ; enfin, par la précocité ou les dimensions mêmes de la plante, caractères qui prennent, quand ils sont constants, assez de valeur pour permettre d'apprécier de petites différences entre variétés dont les caractères plus importants sont reconnus identiques.

Le tableau publié ci-après comprend tout ce qui restait en 1872 de l'ancienne *École* de la Société centrale d'Agriculture et des additions qui y avaient été faites jusque là : en tout, environ 210 variétés. Le nombre aurait dû en être beaucoup plus grand si les ravages de la maladie n'avaient fait disparaître, depuis 1845 jusqu'en 1872, les deux tiers au moins des variétés qui composaient anciennement la collection ; les 1280 autres variétés ont été introduites dans l'*École* depuis 1872[1]. Grâce au système de classement dont je viens d'expliquer le mécanisme, elles ont été rapidement mises chacune à la place qui lui convenait et l'identité d'un très grand nombre de ces nouveautés, soit entre elles, soit avec des variétés anciennes, a pu être reconnue souvent dès la première année.

J'ai essayé de donner à la liste des variétés qui composent une même section une disposition typographique permettant de juger au premier coup d'œil de l'importance pratique des différentes variétés, et en même temps de reconnaître quelles sont celles qui sont identiques entre elles et celles qui paraissent n'être que des modifications ou variations d'autres plantes plus anciennes ou mieux connues, ou plus fortement caractérisées. — Une accolade réunit les noms que je considère comme étant certainement synonymes : le nom qui est placé en tête est celui de la variété que je continue à cultiver dans la collection ; c'est en général le nom sous lequel la variété a été reçue le plus anciennement ; quelquefois, c'est le nom le plus anciennement donné, lors même qu'il n'aurait été introduit que tardivement dans la collection ; quelquefois encore, c'est le nom le plus connu qui a été conservé, alors même qu'il y en a eu de plus anciens, s'ils sont tombés en désuétude ou si leur application présente la moindre incertitude.

---

(1). Ces chiffres sont ceux de la présente (troisième) édition ; dans la première, ce tableau ne comprenait en tout que 624 variétés, dans la seconde édition il s'élevait à 840.

Toutes les variétés dont les noms sont placés en tête de ligne sont celles que je considère comme distinctes, qu'elles soient ou non accompagnées de synonymes ; ces variétés sont, autant que possible, rapprochées les unes des autres et groupées suivant leur affinité naturelle. Les noms des formes qui me semblent se relier étroitement à d'autres variétés, sans leur être cependant reconnues identiques, au moins quant à présent, sont imprimés en lignes rentrées, à la suite du nom de la variété distincte à laquelle il convient de les rapporter. Enfin, j'ai voulu distinguer des autres, en les faisant imprimer en PETITES CAPITALES, le nom des variétés les plus intéressantes par l'ensemble de leurs qualités, ou les plus généralement répandues dans la culture. — Dans la 10ᵉ section, par exemple, on trouve la Pomme de terre JEANCÉ OU VOSGIENNE, qui est une des plus répandues dans la grande culture d'une bonne partie de la France ; à son nom sont réunis par une accolade onze autres noms qui représentent des synonymes bien constatés ; ensuite viennent, en lignes rentrées, trois noms appartenant à des variétés que je crois extrêmement voisines de la JEANCÉ, sans pouvoir cependant affirmer qu'elles lui sont identiques. On trouve ensuite CHIPIER, variété distincte. Puis la Pomme de terre CHARDON, la plus répandue des variétés de grande culture avec douze synonymes et deux quasi-synonymes en lignes rentrées ; enfin, terminant la section, quatre variétés franchement distinctes des autres, quoique rentrant bien dans le cadre de la section[1]. — Cette disposition des noms est exactement celle dont mon père a fait usage dans son *Catalogue synonymique des Froments*, publié en 1850 ; elle a été généralement jugée si satisfaisante pour l'œil et pour l'intelligence, que je n'ai cru pouvoir mieux faire que de l'adopter.

On remarquera que chaque nom de variété est accompagné du nom de l'établissement public, de la maison de commerce ou du particulier de qui elle a été reçue, ainsi que de l'indication de l'année où elle est entrée dans la collection. Des choses fort différentes ont quelquefois été reçues sous le même nom ; dans ce cas, chaque forme distincte est rapportée à sa section avec l'indication de sa provenance. Réciproquement, la même variété reçoit souvent différentes dénominations, comme on peut s'en convaincre par les listes parfois fort longues de synonymes qui suivent le nom principal. En général, ce sont les meilleures variétés qui ont le plus de synonymes.

Ce travail aurait certainement pu comprendre un plus grand nombre de variétés si j'avais tardé quelques années de plus à le publier ; mais, d'autre part, les variétés nouvelles paraissent aujourd'hui en si grand nombre, et plusieurs d'entre elles semblent tendre à remplacer si complètement les anciennes, qu'il m'a paru intéressant de faire connaître cet essai de classement avant qu'un grand nombre de variétés qui ont été longtemps populaires en France aient complètement disparu des cultures.

HENRY DE VILMORIN.

Verrières, près Paris, 10 Décembre 1880.

---

(1) Ce passage a été modifié à la réimpression, le texte primitif se trouvant en désaccord avec la présente édition en raison du remaniement opéré dans cette section trop chargée.

INTRODUCTION

A LA DEUXIÈME ÉDITION

En présentant au public cette seconde édition de mon Catalogue synonymique de Pommes de terre, je puis en toute vérité la dire, suivant la phrase consacrée, *revue, corrigée et considérablement augmentée*. Pendant les quatre années qui se sont écoulées depuis la publication de mon travail, la collection a été en effet cultivée comparativement et étudiée de près chaque été ; quelques erreurs de classement ont été reconnues et rectifiées : la Pomme de terre Champion, par exemple, indiquée à tort comme étant à germe rose dans la première édition, a été ramenée dans la 3e section comme le demande son germe violet et son abondante floraison. Et surtout de très nombreuses variétés nouvelles ont été introduites, au moins cent vingt en tout, ce qui fait en moyenne plus de trente par année.

Ces nouveautés sont surtout d'origine anglaise, allemande ou américaine. Peu de Français se livrent aux semis de Pommes de terre, ou au moins le font avec un succès qui les engage à faire connaître et à mettre dans le commerce les gains qu'ils obtiennent. Il en va tout autrement dans les pays étrangers.

En Angleterre, une association indépendante, qui s'est formée en vue de favoriser l'étude et l'amélioration de la Pomme de terre, a exercé dans ces dernières années une influence très considérable et très heureuse. Elle a agi surtout par l'attrait de primes et de diplômes donnés tant à l'occasion d'une exposition annuelle qu'à la suite d'essais de culture. La Société Royale d'Horticulture de Londres, qui s'est prêtée avec empressement à faire ces essais dans ses jardins de Chiswick, a pris actuellement la direction du mouvement et se substituera vraisemblablement à la Société dont il vient d'être question. Un programme fort bien tracé sert de guide aux semeurs, qui cherchent surtout les variétés vigoureuses, à tiges peu élevées, à tubercules gros, bien faits et farineux, le tout uni à une résistance aussi grande que possible à la maladie. Les résultats obtenus sont remarquables ; quelques-unes des acquisitions les plus nouvelles détrôneront probablement, quand elles seront assez multipliées, la plupart des variétés anciennes ; Chancellor, Reading Russet, doivent être mentionnées parmi les meilleurs gains récents.

En Allemagne, la Pomme de terre a été surtout considérée comme matière première des industries, féculerie et distillation. M. Paulsen, de Nassengrund, le plus grand et le plus heureux semeur allemand, a surtout cherché des variétés à grand produit : Alkohol, Trophime, Odin, Kornblume, Juno, sont remarquables par leur fertilité et leur richesse en fécule. La régularité de forme des tubercules a été un peu trop sacrifiée à la valeur industrielle.

En Amérique, les efforts sont dirigés à peu près dans le même sens qu'en Angleterre, cependant la plupart des races nouvelles ont un caractère un peu particulier, participant du type Early rose. Le feuillage est ample et uni, les tubercules presque toujours oblongs. La résistance à la maladie laisse souvent à désirer.

Il ne paraît pas douteux que les variétés de Pommes de terre n'aient une durée limitée, au moins en tant que fertilité. Il serait donc grandement à désirer que des semis fussent faits en France, en vue d'obtenir de nouvelles races répondant aux préférences du public français : plantes vigoureuses, plus fertiles en tubercules qu'en fanes, à tubercules bien faits, ronds ou en amande, non entaillés, à chair jaune, un peu ferme tout en étant farineuse. Il n'y a guère à signaler comme acquisitions méritantes de cet ordre que la Marjolin Têtard, déjà ancienne, et la Joseph Rigault. Si l'on n'y prend garde, il arrivera un moment où nos meilleures races, vieillies et fatiguées, ne pourront plus lutter avec les variétés nouvelles venant de l'étranger Ce serait regrettable à plus d'un point de vue, et si l'on veut conjurer ce danger, il faut se mettre à l'œuvre sans perdre de temps.

Henry L. DE VILMORIN.

Paris, Mars 1886.

Tableau Synoptique des Sections du Catalogue

COULEUR	FORME	GERMES	CHAIR	FLEURS	SECTIONS
Tubercules jaunes	Tubercules ronds	Germes violets	Chair blanche	Fleurs blanches	1
				Fleurs colorées	2
			Chair jaune	Fleurs blanches	3
				Fleurs colorées	4
		Germes blancs	Chair blanche		5
			Chair jaune		6
		Germes roses	Chair blanche	Fleurs blanches	7
				Fleurs colorées	8
			Chair jaune	Fleurs blanches	9
				Fleurs colorées	10
	Tubercules oblongs	Germes violets	Chair blanche		11
			Chair jaune	Fleurs colorées	12
		Germes roses	Chair blanche	Fleurs blanches	13
				Fleurs colorées	14
			Chair jaune	Fleurs blanches	15
				Fleurs colorées	16
	Tubercules longs	Germes violets		Fleurs blanches	17
				Fleurs colorées	18
		Germes blancs		Fleurs blanches	19
		Germes roses		Fleurs colorées	20
Tubercules carnés	Tuberc. longs, entaillés				21
	Tuberc. oblongs			Fleurs blanches	22
Tuberc. roses ou rouges	Tubercules ronds		Chair blanche	Fleurs blanches	23
				Fleurs colorées	24
			Chair jaune	Fleurs blanches	25
				Fleurs colorées	26
	Tubercules oblongs			Fleurs blanches	27
				Fleurs colorées	28
	Tubercules longs	Tubercules roses, lisses			29
		Tubercules rouges, lisses			30
		Tubercules entaillés			31
Tubercules violets	Tubercules ronds				32
	Tubercules oblongs				33
	Tubercules longs				34
Tubercules panachés	Tubercules ronds	Panachure rouge	Chair blanche		35
			Chair jaune		36
		Panachure violette	Chair blanche		37
			Chair jaune		38
	Tubercules longs	Panachure rouge			39
		Panachure violette			40

Dans la ·liste qui suit, *une accolade* réunit les noms considérés comme étant certainement **synonymes** ; le nom placé en tête étant généralement le plus ancien ou le plus connu.

Les variétés dont les noms sont placés *en tête de ligne* sont celles considérées comme **distinctes**, qu'elles soient ou non accompagnées de synonymes.

Les noms des formes qui semblent se relier étroitement à d'autres variétés, sans leur être cependant reconnues identiques (**quasi-synonymes**), sont imprimés *en lignes rentrées*, à la suite du nom de la variété distincte à laquelle il convient de les rapporter.

On a distingué des autres, en les imprimant en PETITES CAPITALES, le nom des variétés les plus intéressantes par l'ensemble de leurs qualités, ou les plus généralement répandues dans la culture.

Les indications qui suivent chaque nom de variété sont celles de l'établissement, maison de commerce ou particulier, de qui elle a été reçue et la date de son entrée dans la collection.

LISTE MÉTHODIQUE et SYNONYMIQUE

I. — JAUNES RONDES

SECTION 1

Tubercules jaunes ou jaune pâle, ronds.
Germes violets.
Chair blanche.
Fleurs blanches.

Zwickauer frühe	*F. Heine, 1895.*
Ronde hative de Provence	*Cat. Vilmorin-Andrieux et Cie, 1899.*
Sutton's Best of all	*Sutton and Sons, 1889.*
Sutton's Abundance round	*Sutton and Sons, 1889.*
Abundance	*Fidler, 1896.*
Perfection	*Sutton and Sons, 1892.*
Spéciale	*Daniels Brothers, 1894.*
Karl der Grosse	*W. Paulsen, 1891.*
Charlemagne	*M. Guilloteaux, 1894.*
Alabaster	*W. Paulsen, 1898.*
Major Nève	*J. Visine, 1900.*

SECTION 2

Tubercules jaunes ou blancs, ronds.
Germes violets, plus ou moins colorés.
Chair blanche.
Fleurs colorées, souvent abondantes.

Snowball	*R. Dean. 1885.*
Sutton's Matchless	*Sutton and Sons, 1889.*
Early Perfection	*R. Dean, 1875.*
Fidler's Perfection	*Fidler, 1886.*
Fidler's Snow Queen	*— Id. —*
Windsor Castle	*Fidler, 1892.*

Kerr's Gem	*W. Kerr*, 1896.
Early market......................	*Sutton and Sons*, 1888.
{ Dunbar Regent.....	*R. Dean*, 1877.
{ d'Amérique	*R. Pennanec*, 1881.
Tarbesienne	*Docteur Cénas*, 1876.
Tanguy	*J. L. Soubigou*, 1862.
the Queen potato.......	*W. Gloede*, 1873.
Cockney..........................	*Collection suédoise*, 1867.
British Queen.....................	*W. Gloede*, 1873.
Arrondie de Beaune..............	*M. Théveny*, 1875.
Freebearer........................	*R. Dean*, 1874.
Grosse de Voiron..................	*M. Théveny*, 1874.
Fermière picarde	*M. Dumont-Carment*, 1858.
Sondergleichen....................	*Berger und C°*, 1889.
Jaune ronde demi-hâtive.....	*M. Rohart*, 1893.
Early Cottage.....................	*Thorburn and C°*, 1871.
Fenn's Onward	*W. Gloede*, 1873.
Model............................	*R. Dean*, 1876.
London Hero......................	*R. Dean*, 1885.
Kerr's Superb......................	*W. Kerr*, 1896.
{ Dalmahoy.......................	*Ireland and Thomson*, 1878
{ Round ash leaf....................	*Th. Gibbs*, 1882.
{ Hétéroclite ronde	*M. Foucard*, 1833.
{ Naine hâtive.....................	*Angleterre*, 1845.
Prolifique hâtive...................	*P. Lawson and Son*, 1834.
Peruvian..........................	*P. Lawson and Son*, 1841.
Oxford............................	*Noble and Cooper*, 1862.
Anglaise à forcer...................	*Collection suédoise*, 1867.
Ross's early......................	*W. Gloede*, 1873.
Lubbenauer.....................	*Fr. von Gröling*, 1873.
Gryffe castle seedling..............	*Rev. W. F. Radclyffe*, 1870.
Créole...........................	*A. Busch*, 1890.
Village Blacksmith..................	*M. Wallace*, 1886.
Truffe........................	*Cat. Vilmorin-Andrieux et C¹°*, 1891.
Royal Norfolk Russett...............	*A. Busch*, 1888.
Rawson's Alligator (Bliss's Rough dia-mond.).......................	*Rawson and C°*, 1889.
Simson	*M. Guilloteaux*, 1891.
Smith's Curly....................	*W. Porter*, 1878.
Glenbervie.......................	*W. Porter*, 1879.
Odin (*Paulsen*)...................	*F. Heine*, 1885.
Mont-Blanc.....................	*W. Paulsen*, 1891.
Hermann.......................	*A. Busch*, 1888.
Thane of Fife....................	*Austin and Mac Aslan*, 1891.

Paterson's Victoria...................... *Angleterre, 1868.*
Mercerès d'Amérique.................. *Collection suédoise, 1867.*
Improved Victoria..................... *A. Busch, 1877.*
Victoria Regent....................... *Th. Gibbs, 1882.*
Druid................................. *— Id. —*
    Regent............................ *Angleterre, 1868.*
    Scottish Queen...................... *Fotheringham and Wallace, 1885.*
    the Colonel .... *Johnson and Son, 1886.*
    Early giant King.... .... *A. Blay, 1882.*
    Lerchen-Rose .... *Fr. von Gröling, 1879.*
    Laxton's Bouncer.................... *Th. Laxton, 1888.*
    Sutton's Satisfaction................. *Sutton and Sons, 1889.*
    GEHEIMRATH THIEL.................... *F. Heine, 1895.*
    Kornblume.......................... *A. Busch, 1885.*
    Siegfried........................... *W. Paulsen, 1898.*
    Cherusker.......................... *A. Busch, 1888.*
    Olympia............................ *W. Paulsen, 1898.*
    Fortuna............................ *W. Richter, 1891.*
RICHTER'S IMPERATOR................... *A. Busch, 1877.*
Reading Hero....................... *R. Dean, 1882.*
Chiswick Favourite.................. *J. Veitch, 1889.*
Surabondance (Uberfluss) tardive....... *Berger und Co, 1889.*
Juwel.............................. *Lorenz, 1889.*
la Gauthier........................ *M. Gential, 1897.*
Landjuwel......................... *T. Collot, 1897.*
Jannin............................. *M. Gential, 1897.*
Agnelli Magyar...................... *Agnelli, 1897.*
le Bocage normand .... *M. Fasquelle, 1898.*
Dormina........................... *H. Rigault, 1899.*
    Franco-Russe..................... *M. Gential, 1894.*
    Docteur von Eckenbrecher.......... *W. Richter, 1891.*
    Minister Dr von Lucius............. *W. Richter, 1891.*
    Docteur Lucius................... *A. Busch, 1896.*
    Professor Dr Orth................. *W. Richter, 1891.*
PROFESSOR DR MÆRKER .... *W. Richter, 1891.*
Doctor Loges....................... *W. Richter, 1897.*
Weser.............................. *L.-J. Gathoye, 1899.*
Cygnea............................ *W. Richter, 1897.*
Alarich .... *W. Paulsen, 1898.*
Doctor Kirchener................... *W. Richter, 1897.*
Helios .... *W. Paulsen, 1891.*
Weisser Dantzicker................. *A. Busch, 1892.*
Géante des montagnes.............. *H. Rigault, 1900.*

Cérès de Cimbal.....................   *H. Rigault*, 1900.
Agnelli.........   ....   *M. Durieu*, 1900.

NOTA. — Cette section est une des plus importantes de la collection, tant par le nombre de variétés qu'elle renferme que par les mérites de celles-ci. — Elle comprend surtout des Pommes de terre à grand rendement, employées dans l'industrie plutôt que dans l'alimentation et dues pour la plupart aux semeurs allemands.

SECTION 3

Tubercules jaunes, ronds, moyens ou gros ; yeux enfoncés.
Germes forts, jaune de cire, à pointe et base violettes.
Chair jaune.
Fleurs blanches ou avortées.

Soreau.........................   *M. Gérard*, 1889.
Reine Claude....... ....   *M. l'abbé Cauest*, 1895.
Méditation.......................   *M. Gential*, 1897.
Boulette.........................   *M. Gential*, 1900.
Shaw (Chave).....................   *Angleterre*, 1815.
Guyrandienne.....................   *M. Ramey*, 1855.
de Neuf semaines..................   *M. Posth*, 1856.
Sancerre.........................   *Société d'agriculture*, 1850.
de Varces........................   *M. Coche*, 1869.
Anglaise Erin's Queen..............   *M. Thierry-Colson*, 1869.
Patraque jaune....................   *M. Goussard de Mayolle*, 1874.
Châtillonnaise ....   *M. Théveny*, 1874.
Hâtive de Langres.................   — *Id.* —
Chanoy...........................   — *Id.* —
Montagnarde......................   — *Id.* —
Royal George......................   *M. Thierry-Colson*, 1874.
Printanière de Beaune..............   *M. Théveny*, 1875.
Jaune de Chauvigny................   — *Id.* —
de Valsère........................   — *Id.* —
Circassienne.....................   — *Id.* —
Bourguignonne hâtive..............   — *Id.* —
Gaillefontaine....................   — *Id.* —
Hongroise........................   — *Id.* —
Patraque blanche..................   — *Id.* —
Ronde hâtive.....................   *J. Mayeux*, 1877.
Cerdagne ronde...................   *M. Thévenot*, 1878.
Dalmahoy........................   *R. Dean*, 1874.
Printanière......................   *Antibes*, 1881.
Riz de M. Colas...................   *Docteur Cénas*, 1876.
Aragonaise.......................   *Marché de Palma*, 1895.
Jaune ronde hâtive de Boulogne.......   *M. Dufour*, 1897.

SHAW (CHAVE), sous-variétés :

Segonzac	M. Morel de Vindé, 1839.
Richard	M. Gombart, 1857.
Farineuse de Chartres	— Id. —
Jaune ronde	M. Roussel, 1864.
Mousson blanche	M. Guesnet, 1837.
Yorkshire Regent	Angleterre, 1871.
Jaune d'Orléans	M. C. Martin, 1887.
de Saison	P. Faucheux, 1891.
Saint-Jean	Marquis de Fayolle, 1841.
Sydowsauer	Fr. von Gröling, 1875.

White Beauty of Hebron .... *A. Busch, 1888.*

JAUNE RONDE HATIVE .... *Chevreuse, 1851.*
de Trois mois .... *Société d'acclimatation, 1866.*
Ronde de trois mois .... *M. Rémy, 1874.*
d'Août .... *Compiègne, 1874.*
Jaune ronde demi-hâtive .... *J. Mayeux, 1877.*
Jaune ronde très hâtive .... *M. de Kerpoisson, 1883.*

Grosse jaune deuxième hâtive .... *G. Darras, 1851.*
Docteur Bretonneau .... *Docteur Bretonneau, 1853.*
la Généreuse .... *M. Dumont-Carment, 1858.*

Édouard Lefort .... *M. Éd. Lefort, 1897.*

Morville .... *Baron d'Avène, 1875.*

Saxonia .... *A. Busch, 1891.*

Clermontoise .... *M. Bourgeois, 1896.*

Jaune d'or de Suède .... *J.-B. Delanoy, 1900.*

NOTA. — Cette section ne comprend à peu près que des Pommes de terre potagères se groupant autour du type SHAW (CHAVE).

SECTION 4

Tubercules jaunes, ronds.   Chair jaune.
Germes violets.   Fleurs colorées.

Bonne Wilhelmine .... *M. Ordinaire de la Colonge, 1815.*
Tige couchée .... *Douai, 1815.*
de Howorst .... *M. Ackermann, 1841.*
Ronde de Caracas .... *Collection suédoise, 1867.*
Sucrée de Brunswick .... *— Id. —*
Irish Apple .... *— Id. —*
Ronde d'Alger .... *— Id. —*
Jaune ronde pour primeur .... *Docteur Turrel, 1872.*
Louis d'or .... *Fr. von Gröling, 1873.*
Flour ball .... *Courtois-Gérard, 1874.*
de Neuf semaines .... *M. Pariselle, 1879.*
Goldelse .... *A. Busch, 1885.*
Rose d'or .... *Döppleb, 1887.*

Rector of Woodstock .... *R. Dean, 1874.*

Éclipse	*F. Heine, 1887.*	
Paterson's Albert	*Collection suédoise, 1867.*	
Élisette tardive	*Berger und C°, 1889.*	
Early Eclipse	*A. Busch, 1888.*	
Sutton's early Eclipse	*Sutton and Sons, 1888.*	
Précoce de Harvey	*Comte de Gourcy, 1842.*	
Mairtens' early	*P. Lawson and Son, 1846.*	
Handworth's Prolific	*Angleterre, 1857.*	
Early Sovereign	*Thorburn and C°, 1870.*	
de Champagne jaune	*M. Théveny, 1874.*	
Chairman	*R. Dean, 1885.*	
Laxton's Utility	*Th. Laxton, 1886.*	
Golden Mehlkugel	*Roemer, 1889.*	
Fine peau	*Départ. des Ardennes, 1815.*	
Philadelphie ou Limal	*M. Deroy, 1847.*	
Américaine hâtive élevée	*P. Lawson and Son, 1834.*	
Prince de Galles	*— Id. —*	
Grise arrondie	*M. Verlot, 1874.*	
Madame Périer	*M. Théveny, 1874.*	
Fine hâtive	*P. Lawson and Son, 1834.*	
Hogg's Coldstream	*Angleterre, 1868.*	
Turner's Union	*Angleterre, 1873.*	
White Emperor	*Angleterre, 1879.*	
Table King	*Daniels Brothers, 1894.*	
de Lesquin	*Départ. du Nord, 1882.*	
Seguin	*M. Longavesne, 1874.*	
Dévorante	*M. Théveny, 1875.*	
Sainte-Hélène tardive	*M. Vavin, 1876.*	
du Cambrésis	*M. l'abbé Cauest, 1895.*	
Sonnet	*— Id. —*	
Orange de l'Écluse	*— Id. —*	
Orange de Villers-lez-Cagnicourt	*— Id. —*	
Kerr's Merit	*W. Kerr, 1896.*	
Mervilloise	*M. l'abbé Cauest, 1895.*	
Jaune d'or	*T. Collot, 1897.*	
Jaune d'or de Norvège (*G. Favre*)	*M. Gauthier, 1898.*	
Agnelli Czari	*Lacroix, 1900.*	
Kernours	*Forgeot et Cie, 1891.*	
Fruit à pain (Breadfruit)	*P. Lawson and Son, 1841.*	
Quebec Profit	*P. Lawson and Son, 1846.*	
des Cordillières	*Vandendriesse et Panis, 1841.*	
Semis des Cordillières	*Potager de Versailles, 1874.*	
Feltham white	*R. Dean, 1881.*	
Don of the day	*R. Dean, 1882.*	
Surprise	*Th. Gibbs, 1882.*	

Laxton's Reward...................... *Th. Laxton, 1888.*
{ Champion (Scotch Champion)......... *M. de la Tréhonnais, 1879.*
(Rivat............................... *M. Rivat, 1892.*
Fidler's Alpha....................... *Fidler, 1889.*
the Farmer........................... *Anderson, 1888.*
Early Augus champion................. *— Id. —*
Sutton's A [1]........................ *Sutton and Sons, 1895.*
Webb's Wordsley Queen............... *Webb and Sons, 1889.*
Standwell .... *R. Dean, 1883.*
Fidler's Prizewinner................. *Fidler, 1896.*
des Pyrénées......................... *Docteur Cénas, 1876.*

NOTA. — Les variétés les plus longues de cette section se rapprochent des plus courtes de la Section **12**.

SECTION 5

Tubercules jaunes, ronds ou obronds.
Germes blancs.
Chair blanche.
Fleurs blanches, rarement avortées.

Cœsar............................... *W. Paulsen, 1891.*
Frigga.............................. *W. Paulsen, 1891.*
Ice cream........................... *Th. Gibbs, 1882.*
Schoolmaster........................ *Soc. d'hort. de Londres, 1877.*
  Universal......................... *A. Busch, 1890.*
  Paul's white...................... *Angleterre, 1892.*
Phœbus.............................. *W. Paulsen, 1891.*
{ Douce blanche..................... *M. Bezançon, 1867.*
\ Ledoux............................ *M. Ledoux-Bonvat, 1869.*
{ Belle Marianne.................... *Docteur Cénas, 1876.*
(Tarbesienne (germes blancs)....... *— Id. —*
Purlie.............................. *W. Porter, 1879.*
{ Blanche d'Auvergne................ *M. Beaulaton, 1888.*
} Formose .... *— Id. —*
Teutonia .... *W. Paulsen, 1899.*
Schwann .... *L.-J. Gathoye, 1899.*
Green mountain...................... *J. Gregory, 1890.*
  State of Maine.................... *Amérique, 1890.*
Mammoth Prolific.................... *Amérique, 1890.*

SECTION 6

Tubercules jaunes, ronds.
Germes blancs.
Chair jaune.

Diäta (*Paulsen*).....................	*F. Heine, 1883.*
Cyane (*Paulsen*)	*F. Heine, 1883.*
Lord Mayor.....................	*R. Dean, 1883.*
Précoce de Crépieux.................	*M. Gauthier, 1897.*
Early Dimmisk.....................	*Soc. d'hort. de Londres, 1877.*
Grosse farineuse.....................	*M. Chipier, 1885.*
Boule d'or.....................	*Haage und Schmidt, 1892.*
Allemande ronde Boule d'or........	*M. Bretté, 1898.*
Herkules.....................	*A. Busch, 1892.*
Lerchen-Kartoffel.....................	*A. Busch, 1877.*
Jaune ronde.....................	*École Mathieu de Dombasle, 1883*
Cupido.....................	*W. Paulsen, 1891.*

SECTION 7

Tubercules jaunes, ronds ou obronds.
Germes roses, souvent très peu colorés.
Chair blanche.
Fleurs blanches.

Frühe Nassengrunder.................	*W. Paulsen, 1882.*
(Président.....................	*R. Dean, 1873.*
(Président II.....................	*R. Dean, 1885.*
Alderman	*R. Dean, 1883.*
Fillbasket.....................	*R. Dean, 1882.*
/ Bresee's Peerless	*Thorburn and C°, 1872.*
\ Incomparable.....................	*Cat. Vilmorin-Andrieux et Cⁱᵉ, 1874.*
) Jackson Urbith	*E. Lefort, 1882.*
(Parisienne.....................	*M. Millet fils, 1882.*
Fleury	*M. Émile Fleury, 1888.*
Mammoth Pearl.....................	*Th. Gibbs, 1882.*
Gloria mundi.....................	*M. Gauthier, 1898.*
Early King.....................	*Livingston and Sons, 1889.*
Great Eastern.....................	*A. Busch, 1888.*
Lady Truscott.....................	*A. Busch, 1892.*
Henry Malo.....................	*Forgeot et Cⁱᵉ, 1887.*
Ambrosia.....................	*W. Paulsen, 1898.*

Weisser Sieberhäuser	*Fr. von Gröling*, 1873.
American Magnum bonum	*Bliss and Sons*, 1881.
Pringle	*W. Paulsen*, 1882.
Anderssen	*W. Paulsen*, 1882.
Seed	*Fr. von Gröling*, 1873.
Lord Tennysson	*A. Busch*, 1892.
Cyclop	*W. Paulsen*, 1898.
Sutton's early Regent potato	*Sutton and Sons*, 1885.
New Delicatess	*Heinemann*, 1888.
Early Regent	*M. Paul Genay*, 1889.
Fiftyfold	*W. Paulsen*, 1891.
Fidler's Success	*Sutton and Sons*, 1892.
Alkohol	*W. Paulsen*, 1882.
Blanchette	*A. Vauchelet*, 1882.
Major Wissmann	*W. Richter*, 1891.
the Garton	*W. Adams*, 1895.
Cinquantenaire	*M. Lalisel*, 1895.
Euphyllos	*W. Paulsen*, 1882.
Globus	*W. Richter*, 1891.
Lord of the Isles	*W. Kerr*, 1896.
Jackson's white	*Bliss and Sons*, 1874.
Rustycoat pink-eyed	*Bliss and Sons*, 1874.
Potentate	*Maule*, 1888.
Sancerre	*H. Caron*, 1876.
Intermedio	*Collection suédoise*, 1867.
Grande précoce de Montevideo	*— Id. —*
Tardive de Becker, pour bestiaux	*— Id. —*
Fürst Bismarck	*F. Heine*, 1883.
Boule de neige	*M. Gential*, 1890.
de Rousies	*M. l'abbé Cauest*, 1897.
Coquette	*École Fénelon, Vaujours*, 1900.
de Corfou	*Marché de Corfou*, 1900.

NOTA. — Cette section comprend plusieurs variétés à tubercules légèrement rosés, surtout autour des yeux, qui se rapprochent des variétés les plus pâles de la Section **22**.

SECTION 8

Tubercules jaunes, ronds.   Chair blanche.
Germes roses.   Fleurs colorées.

Early Border	*R. Dean*, 1883.
Sämling	*Berger und C°*, 1889.
Vermont Champion	*Hooper and C°*, 1883.
CANADA	*Paul Genay*, 1885.
Premier	*W. Gloede*, 1873.
the Doctor	*R. Dean*, 1885.
M. P. (Member of Parliament)	*A. Busch*, 1885.
Fidler's Clipper	*Fidler*, 1889.
Sutton's Masterpiece	*Sutton and Sons*, 1889.
Masterpiece	*Fotheringham and Wallace*, 1888.
King of the West	*M. Théveny*, 1876.
Pioneer	*R. Dean*, 1877.
Kusko	*F. Heine*, 1883.
Weisse achtwochen	*Berger und C°*, 1889.
Kerr's Cigarette	*W. Kerr*, 1896.
CIGARETTE	*Cat. Vilmorin-Andrieux et Cie*, 1901.
Frühe Mehlball	*Berger und C°*, 1889.
Silverskin	*Bliss and Sons*, 1881.
Aurora	*W. Paulsen*, 1882.
Gelbe rose	— *Id.* —
Rose jaune	*Cat. Vilmorin-Andrieux et Cie*, 1885.
Hertha	*W. Paulsen*, 1882.
Amarante (*Paulsen*)	*L.-J. Gathoye*, 1884.
Trophime	*W. Paulsen*, 1882.
Unfehlbare	*F. Heine*, 1883.
Achilles	*W. Paulsen*, 1882.
Reine Topaze	*T. Collot*, 1897.
Lady Fife	*Austin and Mac Aslan*, 1891.
Lady Frances	— *Id.* —
Her Majesty	— *Id.* —
Sensation	*Fidler*, 1891.
Professor Dr Wittmack	*W. Richter*, 1891.
Professor Delbrück	*F. Heine*, 1895.
Fürst von Lippe	*A. Busch*, 1891.
Up to date (de Findlay)	*Langfeldt*, 1897.
Fin de siècle	*T. Collot*, 1897.
Unica	*W. Paulsen*, 1898.
Harrison's n° II	*Bliss and Sons*, 1874.
Galathée	*W. Paulsen*, 1900.
Red bog	*École Fénelon, Vaujours*, 1900.

NOTA. — Cette section comprend plusieurs variétés à grands rendements qui, à part la teinte un peu rosée de leurs germes, se rapprochent beaucoup de la Section **2**.

SECTION 9

Tubercules jaunes, ronds.
Germes roses.
Chair jaune.
Fleurs blanches.

Fenn's early market	*R. Dean*, 1875.
Early Cluster	*R. Dean*, 1882.
de Dracy-le-Fort	*M. Fontaine*, 1865.
Châtillonnaise améliorée	*M. Théveny*, 1875.
Caillaud	*Fontaine et Duflot*, 1869.
Biscuit blanc	*Collection suédoise*, 1867.
Gloire de Baltimore	— *Id.* —
Bisquit	*A. Busch*, 1877.
Holländische Zucker	*F. Heine*, 1883.
Frühe Zucker	— *Id.* —
England's Pride	*M. Théveny*, 1876.
Jaune d'Août	*Jemmapes*, 1815.
Daubenton	*Semis Sageret*, 1841.
de Neuf semaines	*M. Jullien*, 1841.
Lothe	*M. Moleux*, 1866.
Hâtive des environs de Bruxelles	*F. Van Celst*, 1873.
Gold ball	*Haage und Schmidt*, 1890.
Géante sans pareille	*J. Rigault*, 1891.
Idaho vraie	*M. Garenne*, 1893.
Belle de Joncy	*M. Garenne*, 1895.
Lawson's Conqueror	*Comte de Gourcy*, 1852.
Chardon améliorée	*MM. Peltier frères*, 1879.
Dormeuse	*J. Rigault*, 1888.
Frühe unvergleichlige	*Berger und C°*, 1889.
Drap d'or de la Reine d'Angleterre	*M. Lacroix*, 1900.

SECTION 10

Tubercules jaunes, ronds.
Germes roses.
Chair jaune.
Fleurs colorées.

Erste von Nassengrund	*Fr. von Gröling*, 1873.
Henderson's Prolific	*Th. Gibbs*, 1882.
White Fortyfold	— *Id.* —
King Noble	*A. Blay*, 1882.
Chamois	*Collection suédoise*, 1867.
First and best	*Sutton and Sons*, 1888.

Bedfont prolific	*R. Dean*, 1879.
Hooper's round white	*Th. Gibbs*, 1882.
Standard	*Sutton and Sons*, 1882.
Gelber Liebling	*A. Busch*, 1895.
the General	*Th. Laxton*, 1892.
Jeancé (Jeuxy ; Juxière ; Vosgienne)	*M. Parmentier*, 1855.
Blanche à fleur blanche	*M. Gérard*, 1838.
Grosse d'Amérique	*Collection suédoise*, 1867.
Américaine	— *Id.* —
Juxière améliorée	*M. Guénaud*, 1869.
Brise-motte	*M. Rabœuf*, 1867.
Farinosa	*Collection suédoise*, 1867.
des Allinges	*M. Théveny*, 1875.
Clairlieu	— *Id.* —
des Vosges	— *Id.* —
la Lorraine	*J. Mayeux*, 1877.
Blanche-Belmenane	*M. Petitmange*, 1885.
de Malte	*H. Rigault*, 1878.
des Ardennes	*M. Théveny*, 1875.
Molgue tardive	*M. Gential*, 1894.
Chipier	*M. Chipier*, 1885.
Chardon (de Saxe, graine de Saxe)	*M. Dugripp*, 1855.
de Comice	*Bretagne*, 1874.
Montenaille tardivissime	*M. Théveny*, 1874.
Épinard	*M. Boursier*, 1872.
Riesen Marmont	*A. Busch*, 1877.
Fosseuse	*Valognes*, 1876.
Infernale	— *Id.* —
Chardonne	— *Id.* —
Américaine blanche	*Baron de Beurnonville*, 1874.
d'Argentan	*M. Théveny*, 1875.
de Malesherbes	— *Id.* —
Mâconnaise	— *Id.* —
des Pyrénées (germes roses)	*Docteur Cénas*, 1876.
Cerdagne jaune	*M. Thévenot*, 1877.
Canadienne	*M. Thiberville*, 1878.
Wiegers, *ou* Belge, *ou* Vosgienne amélio-rée	*J. Rigault*, 1891.
Omega	*W. Richter*, 1891.
Erissol	*M. Pouparat*, 1887.
Comice de Riom	*M. Beaulaton*, 1888.

II. — JAUNES OBLONGUES

SECTION 11

Tubercules jaunes, oblongs.
Germes violets. — Chair blanche.

A. — Fleurs blanches ou nulles.

Flukes	*Angleterre*, 1868.
Plate d'Amérique	*M. Verlot*, 1874.
Plate de Saout	*Bretagne*, 1874.
Plate	*Brest*, 1875.
Plate de Bretagne	*M. Leborgne*, 1881.
Plate blanche	*Le Carré et Kervello*, 1882.
Jaune longue plate	*Morlaix*, 1882.
Bonne blanche	*J. Rigault*, 1885.
de Jersey	*M. Lelasseux*, 1889.
Royal Jersey Fluke	*M. Gauvin*, 1898.
Webber's early white Beauty	*Sutton and Sons*, 1889.
Fidler's Conqueror	*Fidler*, 1889.
Lord Cathcart	*R. Dean*, 1889.
Norfolk Hero	*A. Busch*, 1885.
Dawes Matchless	*R. Dean*, 1873.
Excelsior kidney	— *Id.* —
Webb's Imperial	*Angleterre*, 1868.
Bryanstone kidney early	*Rev. W. F. Radclyffe*, 1870.
Manning's kidney	*Sutton and Sons*, 1872.
England's Fair beauty	*W. Gloede*, 1873.
Chagford kidney	*R. Dean*, 1873.
Wormley kidney	— *Id.* —
the Shiner	*R. Dean*, 1874.
Champion kidney	*W. Porter*, 1879.
Jaune longue	*M. Jules Marie*, 1899.
Recorder	*R. Dean*, 1883.
White kidney	*Sutton and Sons*, 1888.
Pride of the market	*R. Dean*, 1883.
Charolaise	*St-Laurent-Perrigny*, 1893.
Polaris	*Bracy*, 1894.
Hough's Giant	*W. Kerr*, 1897.
Lord Beaconsfield	*Fidler*, 1892.
Prolifique de Bency	*M. Bency*, 1900.
Merveille de Tours	*H. Rigault*, 1900.

Amylum..........................	*W. Paulsen*, 1892.
Cuvier	*M. Gential*, 1892.

B. — **Fleurs colorées.**

Queen of the South..................	*Kerr and Fotheringham*, 1884.
Cosmopolitan........................	*R. Dean*, 1882.
Prime Minister......................	*R. Dean*, 1883.
Confédérée	*G. Mulligan*, 1864.
Marceau............................	*G. Bataille*, 1873.
Islandaise.........................	*A. Gontier*, 1876.
Weisse späte Rosen..................	*A. Busch*, 1877.
Genest.............................	*Genest et Féraud*, 1879.
the Shiner...................	*Soc. d'hort. de Londres*, 1877.
Cromwell	*R. Dean*, 1883.
Six semaines, nº 1.................	*M. de Jonghe*, 1849.
Triumph............................	*Sutton and Sons*, 1892:
Ohio junior........................	*James Gregory*, 1890.
GÉANTE DE L'OHIO...................	*Cat. Vilmorin-Andrieux et Cⁱᵉ*, 1900.
Rural New-Yorker................	*Vaughan*, 1889.
Sans défauts.......................	*M. Saquet*, 1893.
Ognon	*M. Theroi*, 1892.
Clarke's Main crop.................	*A. Busch*, 1892.
the Major..........................	*Andersen*, 1888.
Abdul-Hamid........................	*W. Paulsen*, 1900.
Jeanne d'Arc.......................	*L.-J. Gathoye*, 1901.

SECTION **12**

Tubercules jaunes, oblongs.
Germes violets.
Chair jaune.
Fleurs rarement avortées, généralement violettes.

Fidler's General Gordon..............	*Fidler*, 1885.
Beauty of Eydon....................	*A. Busch*, 1888.
SUTTON'S SEEDLING KIDNEY	*Sutton and Sons*, 1886.
Quarantaine plate hâtive.............	*Cat. Vilmorin-Andrieux et Cⁱᵉ*, 1891.
King of Flukes.....................	*Cooper and Bolton*, 1864.
Roi des Flukes.....................	*Cat. Vilmorin-Andrieux et Cⁱʳ*, 1873.
King of the potatoes...............	*Sutton and Sons*, 1873.
King..............................	*W. Gloede*, 1873.
Meldrum Conqueror..................	*W. Porter*, 1879.
Early King.........................	*Th. Gibbs*, 1882.
Rustique de Villejuif...............	*M. Gauthier*, 1898.
Colombe	*M. Gential*, 1897.

Advance........................	*R. Dean, 1881.*
{ Woodstock kidney............	*R. Dean, 1881.*
{ Belle de Vincennes..........	*E. Forgeot, 1883.*
Purity........................	*Fidler, 1890.*
{ Chancellor..................	*R. Dean, 1883.*
{ Grand Chancelier...........	*Cat. Vilmorin-Andrieux et Cie, 1899.*
{ Flocon de neige............	*Halle de Paris, 1899.*
Lily white....................	*R. Dean, 1883.*
Athene........................	*A. Busch, 1889.*

SECTION 13

Tubercules jaunes, oblongs.   Chair blanche.
Germes roses.   Fleurs blanches.

Harbinger.....................	*A. Busch, 1890.*
Early Puritan.................	*Cayeux et Le Clerc, 189~.....*
Vegetarian....................	*R. Dean, 1886.*
Miss Fowler...................	*A. Busch, 1888.*
Thunderbolt...................	*— Id. —*
Victory.......................	*Cannell, 1890.*
Hillner frühe Kartoffel.......	*A. Busch, 1891.*
Jenny.........................	*W. Richter, 1897.*
{ Sukreta....................	*A. Busch, 1886.*
{ Maule's New Freeman........	*H. Maule, 1896.*
{ Pride of America...........	*Th. Gibbs, 1882.*
{ Early Mayflower............	*A. Busch, 1885.*
{ Royale.....................	*M. Beaulaton, 1888.*
Plentiful.....................	*A. Busch, 1885.*
Telephone.....................	*A. Busch, 1888.*
Cambridge Beauty..............	*Fidler, 1892.*
Covent-Garden perfection......	*R. Dean, 1879.*
Sharp's Standard..............	*M. Sharp, 1890.*
Géante d'Amérique.............	*J. Rigault, 1888.*
Sutton's Ideal................	*Sutton and Sons, 1898.*
Brownell's Success............	*W. Porter, 1879.*
Saint-Patrick.................	*J. Veitch and Sons, 1881.*
Thorburn's Paragon............	*R. Dean, 1876.*
Centaure......................	*M. Legrand, 1894.*
Étoile du Nord................	*J. Rigault, 1888.*
M. Eiffel.....................	*— Id. —*
Sutton's Harbinger............	*Sutton and Sons, 1899.*
Duke of Albany................	*R. Dean, 1883.*

Harvester	*R. Dean*, 1883.
Come to stay	*Cannell and Sons*, 1889.
Charles Downing	*Dreer*, 1888.
Reine des Polders	*M. Lelasseux*, 1892.
Sir Walter Raleigh	*Cayeux et Le Clerc*, 1899.
Sutton's Invincible	*Sutton and Sons*, 1898.
Great divide potato	*Van Ornam*, 1896.
Flocon de neige (Snowflake)	*Bliss and Sons*, 1874.
Snowdrop	*R. Dean*, 1883.
Improved white rose	*A. Busch*, 1888.
Burpee's Superior	*A. Burpee*, 1889.
Superior	*A. Busch*, 1892.
Marksman	*Th. Gibbs*, 1882.
Alpha	*Bliss and Sons*, 1874.
Porter's Excelsior	*R. Dean*, 1876.
Fidler's Prolific	*Sutton and Sons*, 1892.
Early Standard	*Livingston and Sons*, 1889.
Parish early seedling	*Fidler*, 1891.
Wonderful	*— Id. —*
North pole	*A. Busch*, 1891.
Richter's Edelstein	*F. C. Heinemann*, 1880.
Eureka	*Bliss and Sons*, 1874.
Belle nouvelle	*J. Rigault*, 1888.
Jenny Dean	*Austin and Mac Aslan*, 1891.
White Star	*Bliss and Sons*, 1881.
Burbank's seedling	*Th. Gibbs*, 1882.
Holborn Abundance	*J. Carter and C°*, 1888.
Van Ornam's Superb seedling	*Van Ornam*, 1892.
Oblongue de Malabry	*M. Limon*, 1881.
Advancer	*Fidler*, 1891.
Hammerstein	*A. Busch*, 1896.
Sutton's Supreme	*Sutton and Sons*, 1892.
Wiltshire Snowflake	*R. Dean*, 1881.
Reading Giant (Géante de Reading)	*Fidler*, 1889.
Belle de Coucy	*Delahaye*, 1897.
Meteor	*W. Paulsen*, 1898.
Morning Star	*A. Busch*, 1892.
Fluke géante	*M. Lelasseux*, 1898.
Empire State	*A. Busch*, 1888.
White Queen	*Berger und C°*, 1889.
Cortembline	*M. Rochas*, 1897.
Remarkable	*A. Busch*, 1891.

Victoria...........................   *École Fénelon, Vaujours, 1900.*
Frémont ....   *A. Busch, 1885.*
Brownell's Multiplier..............   *A. Busch, 1877.*
Niniche...........................   *M. Beaulaton, 1888.*
the Daniel........................   *Sutton and Sons, 1892.*
Sutton's Ninetyfold.................   *Sutton and Sons, 1899.*

SECTION 14

Tubercules jaunes ou saumonés, oblongs.   Chair blanche.
Germes roses.   Fleurs colorées.

Brownell's Best....................   *F. Heine, 1883.*
Non such..........................   *Bliss and Sons, 1874.*
Fidler's Success ....   *Fidler, 1896.*
Milky white.......................   *W. Gloede, 1874.*
Myatt's Coquette...................   *M. Verlot, 1874.*
Renneville........................   *M. Théveny, 1874.*
Saucisse blanche...................   *Baron d'Avène, 1875.*
Matador (*Paulsen*)..................   *L.-J. Gathoye, 1884.*
Richter's Schneerose................   *A. Busch, 1877.*
    Richter's lange weisse.............   *F. Heine, 1883.*
    Hortensie (*Paulsen*) ....   *— Id. —*
Preciosa..........................   *W. Paulsen, 1891.*
Sirius............................   *W. Paulsen, 1894.*
Professor Kühn....................   *A. Busch, 1891.*
    Fidler's Cobbler...................   *Sutton and Sons, 1891.*
Charlotte.........................   *W. Paulsen, 1886.*
Sutton's Magnum bonum ....   *R. Dean, 1876.*
the Whistler......................   *Anderson, 1888.*
Futur fame........................   *A. Busch, 1889.*
Buffalo Bill......................   *— Id. —*
Dreadnought.......................   *A. Busch, 1890.*
Bruce ....   *Sutton and Sons, 1892.*
Auld Lang Syne....................   *A. Busch, 1892.*
Beaumont des Deux-Sèvres............   *M. Gential, 1894.*
Blanche de table..................   *M. l'abbé Cauest, 1895.*
Alma mater........................   *Fidler, 1896.*
Farmers Glory.....................   *Langfeldt, 1897.*
Novowieski (*Chili*)..................   *M. Gauthier, 1898.*
de Boterhoff......................   *M. Ch. Néva, 1898.*
    Rentpayer......................   *Watkins and Simpson, 1898.*
    the Bruce......................   *Daniels and Cᵒ, 1899.*
    King kidney....................   *A. Busch, 1899.*
    Carter's Surprise................   *L. Carter and Cᵒ, 1889.*

VILMORIN. — *Pommes de terre.*   2

Stanley..........................	*M. Gential*, 1892.
Apollo	*W. Paulsen*, 1898.
Van der Veer.....................	*Fr. von Gröling*, 1873.
Belle de la Broche...............	*M. Martin*, 1891.
⎰ Gabriel Favre..................	*M. Gential*, 1897.
⎱ Souvenir de Vevey.............	— *Id.* —
⎰ Wormleighton seedling.........	*R. Dean*, 1881.
⎱ Blanche longue................	*Cat. Vilmorin-Andrieux et Cie*, 1884.

NOTA. — Les variétés les plus colorées de cette section se relient aux moins colorées de la Section **21**, qui comprend comme celle-ci beaucoup de variétés américaines.

SECTION 15

Tubercules jaunes, oblongs.
Germes roses.
Chair jaune.
Fleurs blanches.

Hâtive de Rosendael.............	*M. Staes*, 1888.
de Norvège......................	*M. Rohart*, 1869.
Duke of York....................	*Daniels Brothers*, 1894.
Sunrise.........................	*R. Dean*, 1883.
Jumelaine.......................	*M. L. Lebrun*, 1890.
Goldamer	*L.-J. Gathoye*, 1899.
Bavaise, *dite* Quarantaine.....	*M. Facon-Franche*, 1900.
Fidler's Colossal...............	*Fidler*, 1892.
Delaware........................	*J. Gregory*, 1888.

SECTION 16

Tubercules jaunes, oblongs.
Germes roses.
Chair jaune.
Fleurs colorées.

General Roberts	*W. Kerr*, 1896..
Hollande tardive................	*M. G. Poulet*, 1894.
Early Climax....................	*Thorburn and C°*, 1872.
Early Gooderich	*Thorburn and C°*, 1887.
Satisfaction....................	*Fidler*, 1896.
Morphy	*W. Paulsen*, 1894.

III. — JAUNES LONGUES

SECTION 17

Tubercules jaunes, longs,
Germes violets.
Fleurs blanches.

LAPSTONE	*Angleterre*, 1868.
Caillou blanc	*Cat. Vilmorin-Andrieux et Cⁱᵒ*, 1875.
Rognon naine à forcer	*Collection suédoise*, 1867.
Cobbler's Lapstone true	*Rev. W. F. Radclyffe*, 1870.
Pebble white	*— Id. —*
Woppet's seedling	*— Id. —*
Yorkshire Hero	*— Id. —*
Ash top fluke	*W. Gloede*, 1873.
Marjolin Faure	*M. Théveny*, 1874.
Rixton's Pippin	*R. Dean*, 1875.
Perfection kidney	*— Id. —*
Hollandaise hâtive à œil bleu	*M. Pichot*, 1876.
Anglaise	*J. Mayeux*, 1877.
Improved ash top fluke	*W. Porter*, 1879.
Boulangère d'Irlande	*M. Morand*, 1881.
Uxlip seedling	*Richard Gilbert*, 1882.
Magnet	*J. Rigault*, 1885.
Sandy's seedling	*R. Dean*, 1885.
Margensis	*Comice de Gisors*, 1888.
Hémonet	*M. P. Chappelier*, 1888.
Merveille de Tours	*M. Jouanneau*, 1876.
de Quarante jours perfectionnée	*M. Sinnot*, 1890.
Sutton's Berkshire kidney	*Sutton and Sons*, 1872.
LA BRANDALE	*M. François Bertrand*, 1895.
de Barbentane	*M. Michel*, 1892.
Pasteur	*J. Rigault*, 1890.
Kam-Abred	*M. Jégon du Laz*, 1887.
Jaune longue très productive	*M. Bocquet*, 1895.
Avalanche	*R. Dean*, 1879.
New Cambridge kidney	*R. Dean*, 1875.

Kerr's Our boys	*W. Kerr*, 1896.
International kidney	*Nutting and Sons*, 1878.
Hornycroft's seedling, var. fol	*Rev. W. F. Radclyffe*, 1870.

NOTA. — A part les 3 dernières variétés, toutes ces Pommes de terre ont la chair jaune.

SECTION **18**

Tubercules jaunes, longs.
Germes violets.
Fleurs colorées.

Feinste kleine weisse Mandel..........	*A. Busch, 1877.*
Sainte-Hélène.......................	*L. Paillet, 1872.*
Pygmée de Ross.....................	*P. Lawson and Son, 1834.*
Alice Fenn..........................	*Soc. d'hort. de Londres, 1877.*
VICTOR.............................	*Short, 1886.*
Kidney perfectionnée.................	*M. Cimay, 1890.*
Reine des hâtives.................	*M. Floritte, 1899.*
ROYAL ASH-LEAVED KIDNEY (ROYALE).....	*Thomas Rivers, 1864.*
Early Alma kidney....................	*Cooper and Bolton, 1864.*
Carter's early Race horse..............	*J. Carter and C°, 1865.*
Early Reliance.......................	*Angleterre, 1868.*
Rivers' Royal ash-leaved kidney........	*Angleterre, 1870.*
Veitch's improved early ash-leaved kidney..............................	*J. Veitch and Sons, 1872.*
Harry kidney........................	*R. Dean, 1873.*
Myatt's ash-leaved kidney.............	*— Id. —*
Royal ash top.......................	*— Id. —*
Albion ash-leaved....................	*W. Porter, 1879.*
Early Bird..........................	*J. Wrench and Sons, 1881.*
British ash leaf.....................	*R. Dean, 1881.*
Ash leaf Lady Gordon................	*Th. Gibbs, 1882.*
Early Monarch.......................	*— Id. —*
Lady Paget..........................	*— Id. —*
Rixton's kidney.....................	*— Id. —*
Veitch's ash leaf....................	*— Id. —*
Russe..............................	*E. Hamel, 1883.*
Early Hammersmith..................	*J. Rigault, 1885.*
Essex Challenge.....................	*— Id. —*
Earliest of all......................	*Johnson and Son, 1886.*
Boursier *ou* Rickmaker..............	*M. Boursier, 1885.*
Seven-weeks........................	*J. Carter and C°, 1889.*
Strazel.............................	*M. Courtois, 1891.*
Semis de Marjolin...................	*M. Ed. André, 1892.*
Fidler's early May...................	*Fidler, 1892.*
Fidler's improved ash-leaved kidney...	*Sutton and Sons, 1892.*
Jaune longue........................	*M. Brives, 1895.*
Old dwarf top ash-leaf loose..........	*W. Kerr, 1896.*
River's Royal ash-leaved Kidney.......	*— Id. —*
Myatt's prolific.....................	*— Id. —*
de Kam-Mellem.....................	*M. Jegon du Laz, 1887.*

Royal ash-leaved kidney, sous-variétés :

Prince of Wales (Prince de Galles).	*W. Gloede*, 1873.	
Parisienne......................	*Forgeot et Cie*, 1888.	

Veitch's improved ash leaf......... *W. Kerr*, 1896.
Early June...................... *W. Kerr*, 1897.
la Gorgue...................... *M. Delanoy*, 1900.
Marjolaine, *dite* Straezèle.......... *M. Facon-Franche*, 1900.
Reine de France................. *M. Mottet*, 1900.
Britannia...................... *Nutting and Sons*, 1898.
Quimperlé .... *M. Pelorge*, 1892.

Mayette......................... *Syndicat de Paimpol*, 1894.

Belle de Fontenay.................. *J. Rigault*, 1885.

Précoce de Montlhéry................ *H. Rigault*, 1899.
Quinette......................... *M. A. Garçon*, 1892.

Heno .... *M. Druelle*, 1895.

Juli........................... *W. Paulsen*, 1890.
Belle de Juillet.................... *Cat. Vilmorin-Andrieux et Cie*, 1898.
Perle d'Erfurt.................... *J. C. Schmidt*, 1897.

Victorious....................... *Th. Laxton*, 1890.

Belle Augustine .... *M. Hézard*, 1853.
l'Augustine d'Étampes .... *A. Bonnemain*, 1853.
Saucisse de Villaine................. *Villaine*, 1869.
la Boulangère .... *J. Mayeux*, 1882.

Souvenir du Concours................ *M. Chipier*, 1885.

Busch's Edelweiss................... *A. Busch*, 1885.

Early white kidney.................. *R. Dean*, 1875.

Oxfordshire kidney.................. *Soc. d'hort. de Londres*, 1877.

Cattell's Eclipse kidney.............. *Hurst and Son*, 1875.
   Cattell's Reliance kidney.......... *— Id. —*

Gloria .... *W. Paulsen*, 1891.

Rognon.......................... *M. Dupuis*, 1898.

Edgcote seedling................... *R. Dean*, 1881.

NOTA. — La chair des Pommes de terre comprises dans cette section est jaune, à l'exception des huit dernières variétés.

SECTION 19

Tubercules jaunes, longs.
Germes blancs ou légèrement rosés.
Fleurs blanches.

Kidney ou Marjolin.....................	*Angleterre*, 1815.
Deux fois l'an........................	*V^e. Thuau*, 1864.
Sandringham early kidney.............	*R. Dean*, 1872.
Sechs Wochen Kartoffel..............	*Fr. von Gröling*, 1873.
Early walnut-leaved kidney............	*R. Dean*, 1873.
de Combes............................	*M. Théveny*, 1874.
Quarantaine..........................	*Halle de Paris*, 1875.
Pfluckmans	*W. Paulsen*, 1882.
A feuille de noyer....................	*Gavillot frères*, 1884.
Fouilleuse...........................	*M. Peltier*, 1891.
de Bethencourtel................	*M. Bourgeois*, 1900.
Petite précoce de Sèvres..........	*M. E. Goussard*, 1900.
la Goussard	— *Id.* —
Précoce de Vindecy..................	*Cayeux et Le Clerc*, 1897.
Marjolin Burgeon....................	*M. Burgeon*, 1882.
Lange weisse sechs Wochen..........	*W. Richter*, 1897.
Frühe Maus..........................	*W. Paulsen*, 1890.
Reine de Mai........................	*Courtois-Gérard*, 1872.
Marjolin Tétard.....................	*H. Rigault*, 1870.
A feuille d'ortie....................	*M. Rémy*, 1872.
Sutton's early Race horse............	*Sutton and Sons*, 1872.
Early Bedfont kidney................	*R. Dean*, 1873.
Fouilleuse	*E. Forgeot*, 1876.
la Généreuse	*A. Morlot*, 1876.
Noisette Sainville...................	*M. de Sainville*, 1829.
Unwin's kidney......................	*M. Warner*, 1845.
Bed's Hero..........................	*Th. Laxton*, 1888.
Hollande grosse.....................	*Cat. Vilmorin-Andrieux et Cie*, 1891.
Blanche lisse........................	*M. l'abbé Cauest*, 1895.
Graminée	*M. Gential*, 1897.
Mona's Pride........................	*W. Gloede*, 1873.
the Shiner	*R. Dean*, 1878.
Jaune longue demi-hâtive............	*M. E. Rohart*, 1892.
Julie de Pierrelaye..................	*H. Rigault*, 1899.
Mouchy..............................	*M. Mouchy*, 1900.

SECTION **20**

Tubercules jaunes, longs.
Germes roses.
Fleurs colorées.

Parmentière, Jaune longue de Hollande.	*Halle de Paris*, 1815.
Vilmorin	*M. Soulbieu*, 1855.
Cornichon tardif	*M. Théveny*, 1874.
Fyvie flower	*A. Busch*, 1890.
Excellente naine	*M. Millet fils*, 1882.
Joseph Rigault	*J. Rigault*, 1883.
Princesse	*Allemagne*, 1872.
Quenelle demi-hâtive	1896.
Legran	*M. Legran*, 1892.
Nouvelle Princesse	*M. l'abbé Cauest*, 1897.
Quenelle de Lyon	*M. Gential*, 1897.
Marjolin tardive (Quarantaine de la Halle)	*M. Bazin*, 1853.
Quarantaine de Noisy	*Halle de Paris*, 1859.
Richesse	*Collection suédoise*, 1867.
Taylor's Yorkshire hybrid	*Rev. W. F. Radclyffe*, 1870.
Jaune longue de Brie	*Halle de Paris*, 1873.
Cornichon Langrois	*M. Théveny*, 1874.
Belle de Vincennes	*M. Payot*, 1874.
Suzel	*M. Théveny*, 1875.
Hollandaise, Quarantaine de Perthuis	*Vaucluse*, 1876.
Jaune longue d'Auvergne	*Halle de Paris*, 1879.
Napoléone	*M. Dubois*, 1881.
Quarantaine de Montreuil	— *Id.* —
Précieuse de Fitz-James	*A. Blay*, 1882.
Jaune ronde des environs de Tours	*M. Lecoq*, 1888.
Ancienne jaune de Hollande	*Mme Joséphine Anselme*, 1888.
de Hollande	*Vte d'Abancourt*, 1892.
Berthière	*M. Driancourt*, 1897.
Bonnemain	*Loise-Chauvière*, 1875.
Thurston's Conqueror	*Collection suédoise*, 1867.
Blanc de lait	*A. Blay*, 1882.
Hollande à fleurs jaunes	*J. Rigault*, 1888.
Ringleader kidney	*Sutton and Sons*, 1888.
Waterloo kidney	*R. Dean*, 1873.
Martinsborn	*Heinemann*, 1881.
Corne blanche	*Cat. Vilmorin-Andrieux et Cie*, 1892.
Quenelle Gauthier	*M. Gauthier*, 1894.
Governor	*R. Dean*, 1889.

SECTION 21

Tubercules jaunes, allongés, entaillés.
Germes roses.
Fleurs nulles ou blanches.

Imbriquée..........................	*Départ. des Ardennes, 1815.*
Cantaloup pintans...................	*Soc. hortic. de Bruxelles, 1856.*
Ananas longue..................	*P. Lawson and Son, 1834.*
Ananas	*M. Théveny, 1875.*
de Bristol......................	*Simon Louis frères, 1848.*
Vitelotte jaune.................	*M. Bisson, 1873.*
Vitelotte blanche...............	*M. Verlot, 1874.*
Luxembourgeoise................	*M. Théveny, 1875.*
Asperge	*Allemagne, 1872.*
Aspersie........................	*M. Carrière, 1880.*
Épi de blé........................	*M. Basset, 1891.*
Calaisienne	*Concours d'Abbeville, 1891.*
Citronnelle.................,.....	*M. Caron, 1876.*

IV. — CARNÉES OBLONGUES

SECTION 22

Tubercules carnés, oblongs.
Fleurs blanches.

Rose Beauty of beauties	*Amérique, 1890.*
Bresce's Prolific	*Thorburn and C°, 1872.*
Peeters	*M. Vincent, 1880.*
du Château de Yermoloff	*M. Casenave, 1883.*
Jaune longue plate	*A. Blay, 1882.*
Kopsel's frühe weisse Rosen-Kartoffel	*Dippe frères, 1874.*
Kaiser Kartoffel	*Fr. von Gröling, 1877.*
Grange Bruyère	*M. Chipier, 1885.*
Kaiser Wilhelm	*F. Heine, 1883.*
Montgolfier	*M. Gential, 1892.*
Nouvelle	*MM. Baltet frères, 1894.*
Precious seedling	*M. Dantzer, 1879.*
Pride of Ontario	*Th. Gibbs, 1882.*
Early Dexter	*Bliss and Sons, 1874.*
King of the early	*Thorburn and C°, 1872.*
Matchless	*R. Dean, 1882.*
White rose	*Fidler, 1890.*
Marvel	*Fidler, 1891.*
White Elephant	*Thorburn and C°, 1881.*
ÉLÉPHANT BLANC	*A. Busch, 1890.*
Hybride de M. Nott	*M. R. Nott, 1885.*
Thorburn's early	*Thorburn and C°, 1888.*
the Minister	*Amérique, 1890.*
Early Albino	*A. Busch, 1890.*
Éléphant rouge	*Institut de Beauvais, 1888.*
Crown Jewel	*Johnson and Stokes, 1889.*
June eating	*A. Busch, 1891.*
Vick's Perfection	*J. Vick, 1891.*
the Thorburn	*A. Busch, 1892.*
Longue de semis	*M. G. Martin, 1894.*
Early Vaughan	*Bracy, 1894.*
Kösternitzer	*A. Busch, 1895.*
La Phinatel	*M. l'abbé Barros, 1900.*
Van Ornam's earliest	*Van Ornam, 1891.*
Silberhaut	*A. Busch, 1892.*
Bovee potato	*P. Henderson, 1897.*
Bracy's Vigilant seedling	*Bracy, 1894.*

Rothauge............................. *Fidler, 1891.*
Idaho................................ *J. Wrench and Sons, 1875.*
Zborow.............................. *F. Heine, 1883.*
Institut de Beauvais................. *Institut agricole de Beauvais, 1884.*
Louise Camus........................ *M. C. Didon, 1892.*
la Marseillaise..................... *M. Debourges, 1895.*
Imperator de l'Ardèche.............. *P. Prinsac, 1898.*
Blanche plate de Belgique........... *M. l'abbé Cauest, 1895.*
Kinver Monarch...................... *Webbs and Sons, 1889.*
Rufus............................... *R. Dean, 1885.*
Red Roach........................... *R. Dean, 1883.*
Bedfont rose........................ *R. Dean, 1885.*

NOTA. — Les Pommes de terre comprises dans cette section ont la chair blanche, à l'exception de la dernière variété.

V. — ROSES OU ROUGES RONDES

SECTION 23

Tubercules roses ou rouges, ronds.
Chair blanche.
Fleurs blanches.

Rosebud	R. Dean, 1885.
la Bertin	M. Bertin, 1839.
Bertin rouge à fleur blanche	Société de Saint-Omer, 1856.
Toute bonne	M. Verlot, 1874.
Président	T. Collot, 1897.
Gris Flamand	M. Ackermann, 1841.
Printanière de Sarreguemines	M. Royer, 1844.
Amor	W. Richter, 1891.
Saint-Louis, tardive	M. Goldenberg, 1848.
Rosine	M. Posth, 1856.
la Virolle	Départ. des Ardennes, 1815.
Rouge d'Espagne	M. Picard, 1820.
Ognon rose demi-hâtive	Collection suédoise, 1867.
Sächsische Zwiebelkartoffel weissfleischige	A. Busch, 1877.
Reading Russet	R. Dean, 1883.
Roussette	Cat. Vilmorin-Andrieux et Cie, 1892.
Wonder of the World	A. Busch, 1886.
Ida	A. Busch, 1896.
Aradaras	Potager de Versailles, 1874.
Papas de Santiago du Chili	Société d'acclimation, 1860.
Redder	Docteur Cénas, 1876.
Juana	L.-J. Gathoye, 1899.
Prussienne	M. Laurent, 1899.
Juno	W. Paulsen, 1886.
Grosser Kurfürst	A. Busch, 1888.
Boulet tardive	M. Rivat, 1892.
de Vindecey	M. Martin, 1898.
Griesenhager	Fr. von Gröling, 1877.
Barochates	M. Petitmange, 1885.
Adelaïde	M. Beaulaton, 1888.

SECTION **24**

Tubercules rouges ou roses, ronds.
Chair blanche.
Fleurs colorées.

Tardive de Pesca	*Collection suédoise,* 1867.
King of the Russett	*J. Carter and C°,* 1888.
Dabersche	*Fr. von Gröling,* 1873.
Frühe rothe märkische	*— Id. —*
de Poméranie	*M. Verlot,* 1874.
Haute rouge	*M. Petitmange,* 1885.
Tardive d'Aschersleben	*Collection suédoise,* 1867.
Fürstenwalder	*M. Boursier,* 1885.
Prima dona	*W. Paulsen,* 1882.
Rose ronde de M. Caillard	*M. A. Caillard,* 1892.
Max Eyth	*A. Busch,* 1896.
Neue Zwiebel	*M. Brugier,* 1894.
Ruby	*A. Busch,* 1877.
Hâtive très farineuse	*M. Figarol,* 1892.
Triumph	*R. Dean,* 1881.
Adirondack	*Hooper and C°,* 1882.
Attralack	*M. Brugier,* 1894.
Diamant	*F. Heine,* 1895.
Professor OEmichen	*Schubert und Hesse,* 1888.
Blücher	*M. Gential,* 1897.
Merveille d'Amérique	*A. Gontier,* 1874.
Rouge d'Amérique	*M. Tripier-Durieu,* 1879.
Américaine	*Exp. de Clermont-Ferrand,* 1880.
Wood's scarlet prolific	*Sutton and Sons,* 1872.
Triomphe de Lyon	*C. de Loisy,* 1883.
Saint-Laurent	*M. Garenne,* 1888.
Prussiana	*M. Gouet,* 1891.
Maxime Giraud	*M. Gential,* 1894.
Centennial	*W. Porter,* 1879.
Rouge de Strasbourg	*M. Dinner-Royer,* 1846.
Wery	*M. Simonis père,* 1847.
de Vevey	*Ch. Payot,* 1869.
Grise de Chablais	*M. Théveny,* 1875.
Deutscher Reichskanzler (Bismarck)	*A. Busch,* 1891.
Borussia	*W. Richter,* 1891.
Farineuse panachée	*M. Gential,* 1892.
Ninon	*W. Paulsen,* 1891.

Stray Beauty...................... *Steele Brothers, 1889.*
Seneca Beauty..................... *Livingston and Son, 1889.*
Gadzard........................... *M. Bez, 1895.*
Sutton's red skinned Flour ball (FARI-
  NEUSE ROUGE)..................... *Sutton and Sons, 1872.*
Washington........................ *M. Rabœuf, 1869.*
de l'Amérique..................... *M. Hantois, 1874.*
Boule de farine................... *M. Hautin, 1875.*
Garnet Chili...................... *Fr. von Gröling, 1875.*
Brinckworth Challenger............ *Godefroy Lebœuf, 1879.*
Granat............................ *F. Heine, 1883.*
Francillon........................ *M. Beaulaton, 1888.*
Rouge longue...................... *M. de Vertus, 1889.*
Double montagne................... *M. Gential, 1890.*
Fortyfold......................... *— Id. —*
Adolphe Franck.................... *M. Gential, 1894.*
Peach blow........................ *Comice agric. de Saint-Amand, 1896.*
Prussienne........................ *M. Prinsac, 1898.*
Acajou............................ *M. Gauthier, 1898.*
la Comtoise....................... *Synd. des agric. du Loiret, 1899.*

SECTION 25

Tubercules roses ou rouges, ronds.
Chair jaune.
Fleurs blanches.

Truffe d'août..................... *Halle de Paris, 1815.*
Hâtive de Pontarlier.............. *M. Piéry, 1837.*
White pink........................ *M. Magendie, 1845.*
Rouge de Bavière.................. *M. Rabœuf, 1867.*
Printanière....................... *M. Verlot, 1874.*
   Roville........................ *M. Théveny, 1875.*
   Noirmoutiers................... *M. Théveny, 1875.*
   Grise printanière.............. *M. Petitmange, 1885.*
Quarantaine....................... *Halle de Paris, 1815.*
la Meilleure de Bellevue.......... *M. P. Genay, 1890.*
Rouge de Paterson................. *Collection suédoise, 1867.*
Clairebonne....................... *Départ. des Ardennes, 1815.*
de Guernesey...................... *M. Théveny, 1875.*
Ve Anty........................... *M. Caron, 1876.*
Rouge de Bretagne................. *M. Rieffel, 1881.*
Descroizille...................... *M. Sageret, 1815.*
Nouvelle des Vosges............... *M. Parisot, 1837.*
Rouge ronde de Virey.............. *M. Théveny, 1874.*
Rouge de La Mure.................. *M. Prudhomme, 1866.*

de Zélande...........................	*M. Gielen*, 1867.
Rouge de Californie..................	*Collection suédoise*, 1867.
de Hollande.........................	*Mlles Robin*, 1869.
Tricolore...........................	*F. Van Celst*, 1873.
Red Regent's........................	*W. Porter*, 1879.
Gosforth seedling...................	*— Id. —*
Rouge ronde méplate.................	*M. l'abbé Cauest*, 1895.
Rouge de Longueville................	*— Id. —*
Rouge de Bohême.....................	*P^ce de Schwartzemberg*, 1877.
Sächsische Zwiebelkartoffel gelbfleisch..	*A. Busch*, 1877.
Red Robin...........................	*A. Busch*, 1892.
Carmazin............................	*H. Rigault*, 1900.

SECTION 26

Tubercules roses ou rouges, ronds.

Chair jaune.   Fleurs colorées.

Grampian	*Nutting and Sons*, 1878.
Early Emperor Napoleon..............	*Rev. W. F. Radclyffe*, 1870.
Early red Emperor...................	*R. Dean*, 1873.
de Montreuil........................	*Courtois-Gérard*, 1874.
Comice du Charolais.................	*M. Garenne*, 1888.
Hâtive de Meudon....................	*Environs de Paris*, 1817.
Bertin rouge à fleur rouge..........	*Société de Saint-Omer*, 1856.
d'Osterode..........................	*M. Duvilliers*, 1840.
Rio Frio............................	*Schubart und Hesse*, 1855.
Renommée	*Institut agricole de Beauvais*, 1877.
Rouge de Bretagne...................	*M. Poulain*, 1882.
la Bernarde.........................	*M. Thomas*, 1817.
Hosen Muller........................	*M. Boussingault*, 1848.
de Zélande à fleur violette.........	*M. Théveny*, 1875.
de Naples...........................	*— Id. —*
Meloneras...........................	*M. Lemaître*, 1888.
Patraque blanche....................	*Halle de Paris*, 1815.
Benefits............................	*M. Magendie*, 1845.
Rouge pâle Soixante pour un.........	*Collection suédoise*, 1867.
Blanche de Savoie...................	*Saint-Pierre d'Albigny*, 1883.
Topinambour	*M. Théveny*, 1874.
Dauphinoise	*M. Théveny*, 1875.
Américaine..........................	*Senlis*, 1852.
Lesèble	*Courtois-Gérard*, 1874.
Moussot.............................	*Bretagne*, 1874.
Connaught Cup	*P. Lawson and Son*, 1834.
Rohan...............................	*Prince de Rohan*, 1838.
d'Islande...........................	*A. Robert*, 1849.

Rothaut............................... *W. Paulsen, 1890.*
Mammoth rosée tardive.............. *M. Gential, 1896.*
Saint-Germain...................... *Cayeux et Le Clerc, 1899.*
Peluquera (*Iles Canaries*)............. *M. Lemaître, 1888.*
Rambaud........................... *M. l'abbé Cauest, 1895.*
Victoria-Augusta................... *F. Heine, 1895.*
{ de Suisse dure farineuse............. *Collection suédoise, 1867.*
(Bonne jusqu'en Mars................. *— Id. —*

VI. — ROSES OU ROUGES OBLONGUES

SECTION 27

Tubercules rouges ou roses, oblongs.
Fleurs blanches.

EARLY ROSE (ROSE HATIVE)............. *Thorburn and C°, 1870.*
Américaine........................ *M. Baudelot, 1874.*
Américaine........................ *M. Pierrat, 1878.*
la Généreuse...................... *Loise-Chauvière, 1876.*
Rose ronde........................ *M. Chipier, 1885.*
Rosy morn........................ *A. Busch, 1888.*
Pearl of Savoy.................... *— Id. —*
Pschutt........................... *M. Beaulaton, 1888.*
du Département de la Manche......... *M. de Calvinhac, 1896.*
Primrose.......................... *M. l'abbé Cauest, 1897.*
    Early Ohio..................... *Bliss and Sons, 1881.*
    Sunlit Star.................... *Amérique, 1890.*
    Vanguard...................... *A. Busch, 1886.*
    Extra early Vermont............ *Bliss and Sons, 1874.*
    Early Gem .... *R. Dean, 1876.*
    EARLY ROSE A FEUILLES PANACHÉES .. *M. Maillard, 1892.*
    Late rose...................... *R. Dean, 1876.*
    Maule's early thorough bred....... *H. Maule, 1887.*
    Early May Queen................ *A. Busch, 1894.*
    Dakota red..................... *A. Busch, 1888.*
    New Colombus.................. *Bracy, 1894.*
    Storck......................... *M. Gential, 1894.*
    Docteur Letievan............... *— Id. —*
    Rosette........................ *Semis Verrières, 1864.*
    Carpentière.................... *M. Gential, 1897.*

Early Pearl...................................... *A. Busch*, 1889.
Reading Ruby..................................... *A. Busch*, 1888.
Kerr's Leda .... *W. Kerr*, 1896.
La Tour d'Auvergne.............................. *M. Gauthier*, 1898.
Beauty of Hebron................................ *Thorburn and Cᵒ*, 1880.
White blossomed................................. *M. Caron*, 1876.
Farineuse de bonne conservation....... *M. Poupart*, 1889.
Anna.. *L.-J. Gathoye*, 1899.
Early Vermont .... *Établissement d'Igny*, 1900.
Professor Wohltmann............................. *H. Rigault*, 1900.

SECTION **28**

Tubercules rouges ou roses, oblongs.
Fleurs colorées.

Devonshire..................................... *Th. Gibbs*, 1882.
Brownell's Superior........................... *R. Dean*, 1877.
Craid seedling................................. *H. Maule*, 1890.
Rother Salat................................... *W. Paulsen*, 1891.
Freya.. *W. Paulsen*, 1898.
Extra early six-weeks.......................... *Bracy*, 1894.
Wiltshire Giant................................ *R. Dean*, 1883.
Rubicund .... *A. Busch*, 1888.
Lydia.. *L.-J. Gathoye*, 1899.
Trophy .... *Th. Gibbs*, 1882.
Kerr's Professor............................... *W. Kerr*, 1896.
Queen of the Valley............................ *R. Dean*, 1882.
Vésuve précoce................................. *Herb und Wull*, 1899.
Irish Cup...................................... *Th. Gibbs*, 1882.
Lippische Rose................................. *F. Heine*, 1884.
Rosalie (*Paulsen*)............................ *L.-J. Gathoye*, 1884.
Aurélie (*Paulsen*) .... *L.-J. Gathoye*, 1884.
Aspasie.. *M. Guilloteaux*, 1890.
Souvenir de Coutances .... *M. Lalisel*, 1896.
Canada rouge................................... *M. Gential*, 1897.
Kidney rose.................................... *M. Verlot*, 1874.
Leila.. *W. Paulsen*, 1898.
Montana .... *W. Paulsen*, 1899.

Saucisse *ou* Généreuse.................. *Halle de Paris,* 1867.
Rouge tardive......................... *M. Gombaut-Villette,* 1863.
Cottager's red........................ *R. Dean,* 1873.
du Bienfaiteur........................ *M. Belin,* 1873.
Vitelotte belge....................... *Valognes,* 1876.
Savonnette............................   *— Id. —*
de Blidah............................. *Exposition de Bourg,* 1883.
de Table.............................. *Jules Pobé,* 1884.
Plate rouge .... *Le Carré et Kervello,* 1884.
Anglaise.............................. *Marché de Palma,* 1895.
   Merveille d'Algérie............... *Cayeux et Le Clerc,* 1897.
   Saucisse rouge vif................ *M. Rousseau,* 1900.

Pluto................................. *L.-J. Gathoye,* 1899.
Brownell's *ou* Vermont Beauty........ *Bliss and Sons,* 1874.
Belle de Brownell..................... *Cat. Vilmorin-Andrieux et Cⁱᵉ,* 1875.
Perra................................. *M. Chipier,* 1885.
Hollandaise rose ancienne............. *Docteur Cénas,* 1876.
   Gayet.......................... *M. Théveny,* 1874.
Hebe.................................. *W. Paulsen,* 1891.
Red Robin............................. *A. Busch,* 1895.
Rouge longue (*Congo français*)....... *Missionnaires de Lastourville,* 1892.
Yung Baldur........................... *W. Paulsen,* 1891.

Red Scholing.......................... *École Fénelon, Vaujours,* 1900.

VII. — ROSES OU ROUGES LONGUES

SECTION 29

Tubercules roses, longs, lisses.

A. — Chair blanche.

Mr Bresee............................ *R. Dean,* 1881.
Fidler's Bountiful................... *M. Gential,* 1897.
Prizetaker........................... *R. Dean,* 1883.
Cléopâtre............................ *W. Paulsen,* 1894.
Progress .... *R. Dean,* 1883.
Keystone............................. *W. Porter,* 1879.
Arlequin (feuillage panaché)......... *Haage und Schmidt,* 1884.

B. — Chair jaune.

Rognon rose (Jaune longue)............	*M. Goldenberg, 1848.*
Lord Airve....................	*Collection suédoise, 1867.*
Rose de Jersey..............	*W. Gloede, 1873.*
Cornichon de la Moselle...........	*— Id. —*
Belgian kidney...............	*R. Dean, 1873.*
Rose allongée..................	*M. Théveny, 1874.*
de Vigny......................	*Courtois-Gérard, 1874.*
Bec de canc..................	*M. Théveny, 1875.*
Salmon kidney.............	*Th. Gibbs, 1882.*
Comice de Cambrai...........	*J. Dessort, 1884.*
Rosée de conserve..............	*M. Aubergé, 1888.*
Rose......................	*M. Ferry, 1887.*
de Longwy...................	*M. Blondeau, 1889.*
Rosée de la Meuse............	*M. Saintard, 1890.*
Longue rouge de Hollande...........	*M. Roget-Robillard, 1894.*
Napoléon....................	*W. Porter, 1879.*
Briffaut....................	*M. Verlot, 1874.*
Xavier....................	*M. Sommelier, 1849.*
Patte blanche..............	*M. Magnery, 1848.*
Longue rosée..................	*M. Bazin, 1852.*
Knight....................	*M. Rameau, 1832.*
Hardy....................	*H. Caron, 1876.*
Félix Petit....................	*M. Rochas, 1897.*
Saint-André de Suède *ou* POUSSE-DEBOUT.	*Thierry-Tollard, 1847.*
Rognon de coq Lejeay...............	*A. Blay, 1882.*
Rouge longue de Hollande...........	*Concours d'Abbeville, 1891.*
Ratte rose....................	*M. Gential, 1897.*
Vitelotte lisse de la Halle............	*M. Fournier, 1870.*
Rosace de Villiers-le-Bel, *ou* Rosée de Conflans....................	*Halle de Paris, 1847.*
Cueilleuse....................	*M. Bazin, 1850.*
de Hollande (*Lotin*)............	*Potager de Versailles, 1874.*
Corne de bélier..................	*M. Théveny, 1875.*
Saucisse blonde..............	*— Id. —*
Madame....................	*— Id. —*
Fin bec....................	*M. Chenest, 1873.*
Wolff....................	*M. Théveny, 1875.*
Rosa *ou* Corne de bœuf..............	*Halle de Paris, 1900.*

SECTION 30

Tubercules rouges, longs, lisses.
Chair assez souvent zonée de rouge.

A. — Chair blanche; fleurs violettes ou nulles.

Crimson Beauty	*Fidler*, 1892.
Adonis	*W. Paulsen*, 1892.
CARDINAL	*R. Dean*, 1883.
Yatagan	*M. Gential*, 1897.

B. — Chair jaune; fleurs blanches.

Wonderful red Kidney (Kidney rouge hâtive)	*R. Dean*, 1873.
Red ash leaf	*R. Dean*, 1875.
Hâtive et productive	*M. Mélique*, 1888.
Semis de kidney rouge hâtive	*Verrières*, 1889.
Corne rouge	*H. Rigault*, 1900.
Rouge de Hollande	*Halle de Paris*, 1815.
la Schulammel	*Département de la Sarre*, 1815.
Kidney géante de Robertson	*P. Lawson and Son*, 1834.
Cornichon rouge	*Société de Saint-Omer*, 1856.
Cornette rose	*Cherbourg*, 1871.
Cornette rouge	*Adrien Lebas*, 1881.
Garibaldi	*R. Dean*, 1877.
A frire	*M. Théveny*, 1874.
Carter's Freedom	*J. Carter and C°*, 1888.
Rouge vif	*H. Rigault*, 1898.
Prodige	*École Fénelon, Vaujours*, 1900.

C. — Chair jaune ou jaune pâle; fleurs violettes ou nulles.

Bountiful	*R. Dean*, 1874.
Rose Queen	*Johnson and Son*, 1886.
Arabella	*W. Paulsen*, 1898.

SECTION **31**

Tubercules roses ou rouges, longs, entaillés.
Chair blanche ou jaune très pâle, souvent zonée de rouge.

A. — **Fleurs blanches.**

VITELOTTE à chair blanche............	*Halle de Paris, 1815.*
Corne de chèvre.....................	*Département des Ardennes, 1815.*
de Saint-Jacques (Jacob's Grundbirn)..	*Département de la Frise, 1815.*
la Taupe...........................	*Département des Forêts, 1815.*
la Souris tardive...................	*— Id. —*
Rouge longue nouée.................	*Société de Saint-Omer, 1856.*
Rouge longue.......................	*A. Blay, 1882.*
Red Fir apple......................	*Sutton and Sons, 1885.*
Vitelotte mille-yeux...............	*H. Rigault, 1900.*
Vitelotte rouge ancienne...........	*— Id. —*
Vitelotte d'Albany.................	*H. Rigault, 1878.*
Rouge entaillée, genre Vitelotte.....	*M. Hariot, 1900.*
Rouge longue d'Aix-la-Chapelle.....	*Collection suédoise, 1867.*

B. — **Fleurs colorées.**

Rouge incomparable.................	*Fr. von Gröling, 1877.*
Bleue de Paterson..................	*Collection suédoise, 1867.*
Yam *ou* Igname....................	*P. Lawson and Son, 1834.*
Durham............................	*M. Jullien, 1844.*
Crapaudine........................	*M. Caron, 1876.*
Mangel Wurzel.....................	*P. Lawson and Son, 1841.*
Catawhisa.........................	*Ferme-école de Lavallade, 1866.*
Busch potato......................	*A. Busch, 1877.*
Rouge des Iles Marmont............	*Potager de Versailles, 1874.*
Bovinia............................	*Victor Kersanté, 1874.*
Tuttle's Excelsior..................	*J. Wrench and Sons, 1875.*
Riesen Sand Kartoffel..............	*A. Busch, 1877.*
Géante.............................	*Cat. Vilmorin-Andrieux et Cie, 1883.*
Rouge pâle hâtive..................	*P. Lawson and Son, 1834.*
Panachée de printemps.............	*Collection suédoise, 1867.*
Vanéliane..........................	*W. Gloede, 1873.*
Salmon kidney.....................	*— Id. —*

VIII. — VIOLETTES

SECTION 32

Tubercules violets, ronds.
Chair blanche ou jaune pâle, généralement zonée de violet.

A. — Fleurs blanches, très souvent caduques.

la Vierge	*M. Sommelier*, 1840.
Birmingham blue	*R. Dean*, 1875.
Violette d'Islande	*M. Beurnonville*, 1874.
Blue fluke	*Th. Gibbs*, 1882.
Suzette	*M. Beaulaton*, 1888.
Scotch blue	*R. Dean*, 1877.
Stambulow	*L.-J. Gathoye*, 1899.
Purple Prince	*A. Busch*, 1891.
Purple King	*R. Dean*, 1883.
Agronomie	*M. Gential*, 1897.
Champignon	*Collection suédoise*, 1867.
Hospitalière	*M. Gential*, 1897.

B. — Fleurs violettes.

Vicar of Laleham	*R. Dean*, 1879.
Violette grosse	*Cat. Vilmorin-Andrieux et Cie*, 1886.
Schneeglochen	*A. Busch*, 1892.
Bleue plate hâtive	*W. Gloede*, 1873.
Bleue des Forêts	*Département des Forêts*, 1815.
Violette de Lanilis	*M. Guesnet*, 1836.
Calebasse	*Ferme-école de Lavallade*, 1866.
Porto-Allegro	*Collection suédoise*, 1867.
Tardive du Chili	*— Id. —*
Péruvienne	*— Id. —*
Tardive de Bretagne	*Courtois-Gérard*, 1874.
Violette de Champagnole	*M. Chauvin*, 1874.
Vendéenne violette	*M. Théveny*, 1875.
Lorraine	*J. Rigault*, 1885.
la Bleue	*M. Martin de Gibergues*, 1875.
Brune de Vichy	*M. Broquette*, 1872.
Violette Rampal	*Docteur Cénas*, 1876.

Bleue des Forêts, sous-variétés :
    de Suède . . . . *M. Derbecq, 1869.*
      Auvergnate . . . . *Souesmes, 1877.*
      Vosgienne . . . . *M. Lecomte, 1875.*
      la Jersey . . . . *M. Morel de Vindé, 1819.*
      Terre . . . . *Ferme-école de Lavallade, 1866.*
      Purple Regent . . . . *R. Dean, 1873.*
      Longue violette à chair jaune . . . . . . *M. Louis, 1894.*

Viola . . . . *W. Paulsen, 1891.*

Philippe . . . . *M. Jegon du Laz, 1890.*

des Environs de Champagnole . . . . *M. H. de Vilmorin, 1886.*

Späte violette . . . . *Berger und C°, 1889.*
Violette . . . . *M. Chauvin, 1891.*

Bavaria . . . . *A. Busch, 1896.*

Brunette . . . . *M. Gauthier, 1897.*

the Dean . . . . *R. Dean, 1883.*

Violette . . . . *Halle de Paris, 1815.*
Rufziana . . . . *Société d'acclimatation, 1864.*
Hundredfold . . . . *Potager de Versailles, 1874.*

Hirondelle noire . . . . *M. Gential, 1897.*

Araucana Muzca (*Chili*) . . . . *M. Roze, 1899.*

Vellez . . . . *Société d'acclimatation, 1869.*

Onion potato . . . . *P. Lawson and Son, 1840.*

Châtaigne . . . . *M. Gauthier, 1898.*

Peau noire . . . . *M. Gential, 1897.*

le Doyen . . . . *H. Rigault, 1900.*

Ronde violette, issue de la Blanchard . . . *M. Jamet, 1900.*

SECTION **33**

Tubercules violets, oblongs.

A. — Chair blanche ; fleurs violettes.

Fidler's Enterprise . . . . *Sutton and Sons, 1892.*

Bleue des plaines . . . . *M. Gential, 1890.*

Auréole . . . . *M. Gential, 1897.*

Mortemart . . . . *M. Gential, 1892.*
Ferdinand nouvelle . . . .   — *Id.*

Mauricette de Cenas . . . . *M. Gential, 1894.*

Précoce de la Pape . . . . *M. Gauthier, 1897.*
    Caillou bleu . . . . *M. Gential, 1897.*

du Croisic . . . .   *M. l'abbé Lefèvre*, 1888.
  Violette de Saint-Héand. . . . .   *M. Gauthier*, 1888.
Souvenir de 1886 . . . .   *M. Gential*, 1890.
Frühe blaue rosen . . . .   *Straub und Banzenmacher*, 1896.
Violette géante . . . .   *M. Gauthier*, 1898.
Septentrion . . . .   *M. Gential*, 1897.
{ Blauc Riesen (*Paulsen*) . . . .   *M. Guilloteaux*, 1891.
{ GÉANTE BLEUE . . . .   *Cat. Vilmorin-Andrieux et Cie*, 1893.
  Bleue greffée sur Victor . . . .   *M. Jurie*, 1899.

B. — Chair blanche zonée de violet.

  Lyonnaise . . . .   *M. Rivoire*, 1887.
{ Lankmann *ou* Chandernagor . . . .   *Comte de Bussy*, 1821.
{ Noire des Indes . . . .   *M. Théveny*, 1875.
{ Noire des montagnes de Suisse . . . .   *M. Gauffre*, 1836.
{ A cœur noir . . . .   *Ferme-école de Lavallade*, 1866.
  Vendéenne noire . . . .   *M. Théveny*, 1875.
Violette de Grandchamp . . . .   *M. Chipier*, 1885.
Ardèchoise . . . .   *M. Gential*, 1892.
  Colorine . . . .   *M. Gential*, 1897.
Noire tardive de Sago . . . .   *Collection suédoise*, 1867.

C. — Chair jaune, parfois zonée de violet.

Blauschalige Hummelshainer . . . .   *A. Busch*, 1877.
Empress of India . . . .   *A. Busch*, 1885.
{ Compton's Surprise . . . .   *Bliss and Sons.* 1874.
{ Allongée de Merville . . . .   *M. l'abbé Cauest*, 1895.
Noire d'Auvergne . . . .   *M. Gential*, 1890.
Emperor Frederick . . . .   *A. Busch*, 1892.

D. — Tubercules panachés de rouge
sur fond violet.

{ Joséphine . . . .   *J. Rigault*, 1885.
{ OEil de perdrix . . . .   *M. Gauthier*, 1898.
Maréchal Vaillant . . . .   *W. Gloede*, 1873.
Blaue späte Rosen . . . .   *A. Busch*, 1877.
Saint-Martin-d'en-haut . . . .   *M. Chipier*, 1885.

SECTION **34**

Tubercules violets, longs.

A. — Chair blanche, souvent zonée de violet et passant quelquefois complètement au violet-noir.

Blue Beard	R. *Dean*, 1889.
du Cacique	M. *Barbier*, 1878.
Defiance	R. *Dean*, 1882.
Early purple	R. *Dean*, 1881.
American purple	R. *Dean*, 1881.
Violette de la Chèvre	M. *Gential*, 1890.
Edgcote purple	R. *Dean*, 1883.
Noire longue nouvelle	M. *Gential*, 1892.
Boudinette	M. *Gential*, 1897.
Santa-Helena	*Société d'acclimatation*, 1864.
Smith's seedling	M. *Verlot*, 1874.
Caleritas	H. *Rigault*, 1900.
Négresse	M. *Jacqueau*, 1884.
Vitelotte noire	M. *Strub*, 1888.

B. — Chair jaune.

Purple ash-leaved kidney	R. *Dean*, 1873.
Jersey purple	M. *Verlot*, 1874.
Black kidney	— *Id.* —
Black Prince	*Nutting and Sons*, 1878.
Select blue ash leaf	W. *Porter*, 1879.
Paterson's long blue	*Angleterre*, 1879.
Crimson walnut leaf	R. *Dean*, 1877.
Early ash-leaved kidney	*Angleterre*, 1857.
Late London dwarf kidney	*Comte de Gourcy*, 1852.
la Cuisinière	M. *Chipier*, 1885.
Reine des hâtives	M. *Rivoire*, 1887.
Blue Perfection	Th. *Gibbs*, 1882.
Précieuse de Châtillon	A. *Blay*, 1882.
Purple and Gold	A. *Busch*, 1886.
Rognon violet (Quarantaine violette, Halle de Paris)	*Collection suédoise*, 1867.
Violette longue	*Halle de Paris*, 1874.
Van Acker	*Torcy-Vannier*, 1882.
Giant blue	W. *Porter*, 1879.
Reine Margot	M. *Beaulaton*, 1888.
Violette Lemaire	J. *Rigault*, 1888.
la Bleue	M. *Saintard*, 1889.

NOTA. — Toutes les variétés de cette section peuvent être considérées comme longues, mais certaines d'entre elles sont en amandes et d'autres se rapprochent de la forme franchement longue de la Vitelotte ou de la Pousse-debout.

IX. — PANACHÉES

SECTION 35

Tubercules ronds, jaunes ou rose très clair, panachés de rose ou de rouge.
Chair blanche.

A. — Fleurs blanches.

Vineuse	*M. Chipier,* 1885.
Double Vineuse	*M. Gential,* 1892.
Red skinned Flour-ball à peau jaune	*M. Chauvel,* 1887.
Farineuse panachée	*M. Gential,* 1890.
LA BRETONNE	*M. Guilloteaux,* 1892.
Howora	*F. Heine,* 1883.

B. — Fleurs colorées.

Peach blow	*Bliss and Sons,* 1874.
Extra early Peach blow	*Bliss and Sons,* 1880.
Forster's early Peach blow	*J. Wrench and Son,* 1875.
Perfect Peach blow	*Peter Anderson,* 1887.
Fleur de Pêcher	*M. Jean Ballet,* 1900.
Howe's Premium	*James Gregory,* 1890.
Delight	*J. Carter and C°,* 1889.
Lady Webster	*W. Porter,* 1879.
Reine blanche	*M. Converset,* 1869.
Red Peach blow	*Bliss and Sons,* 1874.
Yeux rouges	*M. Sermage,* 1875.
Clyffe Hall	*R. Dean,* 1883.
Carter's Iris	*J. Carter and C°,* 1889.
Improved Peach blow	*Th. Gibbs,* 1882.
Conférence	*R. Dean,* 1885.
Beauty of Kent	*Sutton and Sons,* 1885.
Scottish Beauty	*A. Busch,* 1892.
Mexicaine	*M. Berne,* 1875.
Hannibal	*W. Paulsen,* 1894.
LA CZARINE	*J. Rigault,* 1892.
Nouvelle	*H. Rigault,* 1892.
la Généreuse	*M. Fournier-Mugnier,* 1894.
Richard	*M. Barillet-Oron,* 1898.
Orator	*Fidler,* 1896.
White Peach blow	*Bliss and Sons,* 1874.

SECTION **36**

Tubercules jaunes, ronds, plus ou moins panachés de rouge ou de rose.
Chair jaune.

A. — **Fleurs blanches**.

Valognaise	*Valognes, 1876.*
Pink-eyed Dairy maid	*P. Lawson and Son, 1846.*
Barré	*M. Landresse, 1856.*
Schultenmann	*Société d'agriculture, 1854.*
Comice d'Amiens	*M. Pingré de Guimicourt, 1851.*
de Zélande	*M. Meissonnier, 1848.*
Sand ardappel	*MM. Boss frères, 1842.*
Ozière	*M. Gential, 1890.*
Dreer's Standard	*Dreer, 1890.*
Farmer's Blush	*J. Wrench and Sons, 1875.*
Willard	*Thorburn and C°, 1872.*
Red fluke	*R. Dean, 1875.*
New red fluke	*W. Porter, 1879.*
Poupart	*M. Poupart, 1891.*
Early Oneida	*J. Wrench and Sons, 1875.*
Américaine	*M. Buffenoir, 1899.*

B. — **Fleurs colorées**.

Palmeras (*Iles Canaries*)	*M. Lemaître, 1888.*
Radstock Beauty	*W. Porter, 1879.*
Fidler's Monarch	*Sutton and Sons, 1892.*
Lye's Favourite	*Daniels Brothers, 1877.*
Pink eyes	*W. Porter, 1879.*
Bole Zœgling	*Jules Moré, 1863.*
Rouge de Mulhouse	*Collection suédoise, 1867.*
Golden Eagle	*W. Porter, 1879.*
Chamonix	*Courtois-Gérard, 1874.*
Red Breadfruit	*R. Dean, 1879.*
la Rognon	*M. Rameau, 1832.*
Rouge de Flandre	*M. Moll, 1844.*
Jeanneton	*M. Théveny, 1876.*
OEil rouge	*M. Théveny, 1875.*
Divergeante ou Brugeoise	*Département de l'Escaut, 1815.*
le Bienfaiteur	*M. de Jonghe, 1849.*
du Mexique	*M. Kleinholt, 1856.*
Sommeltière	*M. Théveny, 1875.*

Irish pink-eyed......................	*P. Lawson and Son*, 1846.
Farineuse marbrée (*Chipier*)..........	*M. Gauthier*, 1898.
Andrew Lammie.....................	*Sutton and Sons*, 1885.
Späte Dauer.......................	*F. C. Heinemann*, 1880.
Ledoux...........................	*Exposition de La Villette*, 1869.
de Bogota.........................	*M. Is. Geoffroy St-Hilaire*, 1858.
de Sainte-Marthe....................	*Société d'acclimatation*, 1859.
de la Nouvelle-Grenade..............	*Comte de Fontenay*, 1867.
Wellington	*Angleterre*, 1868.

SECTION 37

Tubercules ronds, jaunes panachés de violet.
Chair blanche.
Fleurs généralement nulles, quelquefois violettes.

Early Don.........................	*Angleterre*, 1868.
Rintoul's early Don..................	*Th. Gibbs*, 1882.
Bonne ronde hâtive de Belgique....	*Collection suédoise*, 1867.
Manhattan	*R. Dean*, 1881.
Frühe violette.....................	*Berger und C⁰*, 1889.
Frühe blaue runde..................	*Fr. von Gröling*, 1873.
Frühe blaue.......................	*F. Heine*, 1883.
des Elies......................	*M. Verlot*, 1874.
Albert.........................	*W. Porter*, 1879.
Beauty of the West.................	*R. Dean*, 1884.
Germania.........................	*W. Paulsen*, 1891.
Harlequin........................	*Fidler*, 1892.
Acmé............................	*Fr. von Gröling*, 1875.
Dalhousie........................	*J. Rigault*, 1885.
Droppers	*M. Magendie*, 1845.
Franco-Russe (*M. Bency*)...........	*M. Gential*, 1894.
Variation violette de l'Institut de Beauvais......................	*M. Cornu*, 1897.
Violette (*Strub*)...................	*M. Strub*, 1872.
Kaiserin Augusta...................	*W. Richter*, 1891.
Floribonde.......................	*M. Gential*, 1897.

SECTION **38**

Tubercules ronds, jaunes panachés de violet.
Chair jaune, quelquefois zonée de violet.
Fleurs violettes ou lilas, très souvent nulles.

Hâtive de Bourbon-Lancy	*M. Quiclet, 1838.*
Bleue hâtive	*M. Boussingault, 1848.*
Bourbon-Lancy	*M. de Liron, 1853.*
Grosse violette hâtive	*M. Godal, 1868.*
Rigoberte	*M. Théveny, 1876.*
OEil violet	1855.
Boule panachée	*M. Chipier, 1885.*
Ojo azul (*Iles Canaries*)	*M. Lemaître, 1888.*
Blue eyes	*R. Dean, 1889.*
de Californie	*Docteur Cénas, 1876.*
de San-Francisco	*— Id. —*
Rose du Chail	*M. Boncenne fils, 1884.*
Jaspée	*Ferme-école de Lavallade, 1866.*
Violette marbrée de Caracas	*Collection suédoise, 1867.*
Francisca nigra	*J. Rigault, 1885.*
Quarantaine violette	*M. Lunet de la Malleine, 1891.*
Violette	*Mme Vilmorin, 1862.*
Rosny	*M. Charpentier-Trianon, 1862.*
Biscuit bleu marbré	*Collection suédoise, 1867.*
Breadfruit red	*Collection suédoise, 1867.*
Grisette	*M. Gontier, 1846.*
de Champagne rouge	*M. Théveny, 1874.*
BLANCHARD	*M. de Vuitry, 1859.*
Peake's First early	*Soc. d'hort. de Londres, 1877.*
Farineuse jaune de Lassay	*H. Martin, 1883.*
Neshannock	*M. Leclerc, 1867.*
Letruphier	*M. Gauthier, 1897.*
Précoce de Montplaisir	*M. Lacroix, 1900.*
Hobokiers	*Van Geert, 1852.*
Tiftie's Annie	*Th. Gibbs, 1882.*
the Favourite	*R. Dean, 1875.*
d'Australie	*Société d'acclimatation, 1864.*
Hermaphrodite rouge	*Collection suédoise, 1867.*
Bleue jaune	*Adrien Lebas, 1881.*

SECTION **39**

Tubercules longs, jaunes panachés de rouge.
Fleurs colorées.

Quarantaine à tête rose	*Souilliard et Brunelet, 1872.*
Barron's Perfection	*Rev. W. F. Radclyffe, 1870.*
de M. Millon	*J. Rigault, 1896.*
Life Guard	*Fidler, 1892.*
Empress Eugenie	*W. Gloede, 1872.*
Princess of Wales	*R. Dean, 1879.*
Lillie Langtry	*A. Busch, 1896.*
Saucisse blanche	*M. Perdrigeon, 1879.*
Calico (Rubannée)	*Thorburn and C°, 1870.*
Gleason's late	*R. Dean, 1873.*
Ruban rouge	*M. Vavin, 1873.*
New Hundredfold fluke	*Sutton and Sons, 1873.*
Professeur Liebscher	*A. Busch, 1891.*
la Magnifique	*M. Gential, 1897.*
du Paraguay (*Solanum Maglia*)	*M. Chargueraud, 1890.*
Carpenter	*W. Porter, 1879.*

NOTA. — La Saucisse blanche et la P. de t. du Paraguay sont les seules variétés de cette section qui n'aient pas la chair blanche.

SECTION **40**

Tubercules longs, jaunes panachés de violet.

A. — **Chair blanche**.

Cattell's Advancer kidney	*Hurst and Son, 1875.*
Midsummer kidney	*R. Dean, 1883.*

B. — **Chair jaune**.

Bonaparte	*A. Lémon, 1858.*
Achille Lémon *ou* Corne à tête noire.	*A. Lémon, 1858.*
Corne	*Souilliard et Brunelet, 1872.*
Charpentier	*M. Charpentier, 1880.*
Jaune longue à œil violet	*Richard Gilbert, 1882.*
la Vierge	*J. Rigault, 1885.*
Alexandrine Poussard	*M. Poussard, 1898.*
Papillionnée	*M. Paire fils, 1895.*
Écharpée	*M. Poussard, 1898.*
Mottled Beauty	*Sutton and Sons, 1892.*
Weather Bell	*Th. Gibbs, 1882.*
Violette de Carignan	*M. Baudelot, 1874.*
Rémy	*Loise-Chauvière, 1874.*

LISTE ALPHABÉTIQUE

(Les noms des variétés considérées comme distinctes sont imprimés en caractères ordinaires et ceux des synonymes en *italiques*.)